华北水利水电大学高层次人才科研启动项目（编号：40522）资助
国家自然科学基金面上项目（编号：51779093）资助
河南省高校科技创新团队支持计划（编号：17IRTSTHN026）资助

现代农业水土保持机理与技术研究

◎张亮 著

www.waterpub.com.cn

·北京·

内 容 提 要

　　本书在梳理已有成果和分析现代农业发展趋势的基础上，明确了现代农业水土保持的相关原理，介绍了水土保持措施、水土保持规划、不同区域水土保持生态建设措施等内容，力求反映当前现代农业水土保持建设的主要内容及发展趋势，将水土保持学科的基本知识与新知识、新成果和新技术在实践中的应用相融合，使水土保持生态建设在支撑经济社会可持续发展中发挥重要的作用。

　　本书可作为国内外环境科学、地学、农业、林业、水利等相关学科科教人员的教材使用，也可作为从事水保科技研究、教学与推广的科教工作者及有关行政管理人员的参考读物。

图书在版编目（CIP）数据

现代农业水土保持机理与技术研究／张亮著. -- 北京：中国水利水电出版社，2018.11
ISBN 978-7-5170-7124-2

Ⅰ. ①现… Ⅱ. ①张… Ⅲ. ①水土保持—研究 Ⅳ. ①S157

中国版本图书馆 CIP 数据核字（2018）第 257488 号

责任编辑：陈 洁　　　　封面设计：王 伟

书　　名	现代农业水土保持机理与技术研究 XIANDAI NONGYE SHUITU BAOCHI JILI YU JISHU YANJIU
作　　者	张亮 著
出版发行	中国水利水电出版社
	（北京市海淀区玉渊潭南路 1 号 D 座 100038）
	网址：www. waterpub. com. cn
	E - mail：mchannel@ 263. net（万水）
	sales@ waterpub. com. cn
	电话：（010）68367658（营销中心）、82562819（万水）
经　　售	全国各地新华书店和相关出版物销售网点
排　　版	北京万水电子信息有限公司
印　　刷	三河市元兴印务有限公司
规　　格	170mm×240mm　16 开本　14.5 印张　208 千字
版　　次	2019 年 1 月第 1 版　2019 年 1 月第 1 次印刷
印　　数	0001－3000 册
定　　价	63.00 元

前　言

　　我国是一个历史悠久的农业大国，也是世界上水土流失最严重的国家之一，在长期的历史实践中，我国劳动人民积累了丰富的水土治理经验。从西周到晚清，广大劳动人民创造、发展了保土耕作、造林种草、打坝淤地等一系列水土保持措施。当代的水土保持理论方法，很多都是我国历史上水土流失防治实践的延续与发展。从近现代开始，受西方科学传入的影响，国内一批科学工作者相继投身治理水土流失、改变人民贫困生活的行动中，他们做了大量科学研究工作，取得了丰硕的成果，水土保持也从自发阶段进入到自觉阶段，水土保持事业进入到一个全新的历史时期。

　　近年来，随着经济的快速发展，大量的工程建设导致水土流失这一问题更加严峻。为应对这一变化，水土保持工程措施也有了新的发展。

　　而在农业生产中，采用各种措施来防治水土流失，已有几千年历史，但是随着人们对资源、环境及社会经济可持续发展认识的不断深化，各种替代性农业模式不断涌现，相应的农业技术措施也处在不断创新和研究中。

　　本书共六章。第一章在阐释了水土保持和水土流失的核心概念的基础上，探究了水土流失和农业可持续发展的关系；第二章对水土流失的机理进行了分析；第三章阐述了水土保持规划和治理措施配置；第四章对水土保持工程措施进行了研究，分别探究了流域坡面治理工程、边坡防护工程、流域沟道治理工程及泥石流防治工程措施；第五章则对农业水土保持的关键技术进行了探讨；第六章是水土保持型生态农业途径研究的相关内容。

　　我国国土辽阔，各地气候、地形、土壤、植被、社会经济发展水平等差异较大，防治水土流失所采取的工程措施侧重点不尽相同，具体措施也有变化。作者力图将水土保持的新理论、新方法、新经验写入书中，供生产、科研及管理部门的有关人员参考，但是由于农业水土保持的发展历史悠久，创新势头强劲，又是一门交叉学科，限于知识水平与实践经验，书中难免有疏漏与错误之处，恳请广大读者批评指正。

作　者

2018 年 2 月

目 录

第一章 水土保持与农业可持续发展

水土保持对农业可持续发展具有深远影响，本章在对水土保持的核心概念进行了诠释后，剖析了水土流失的现状、趋势及危害，并较为全面地对水土流失与农业可持续发展之间的关系进行了研究。

第一节 水土保持的核心理论

一、概念

水土保持是指合理使用水资源、土地资源，避免污染，防止土壤内的营养物质流失，增强土地活性，同时通过地表植被的保护和重建，有助于实现水源、土壤资源的市场经济效益，形成绿色环保的环境，促进人与自然建立更亲密的关系。我国出台的《水土保持法》中明确写出："水土保持是指对自然因素和人为活动造成水土流失所采取的预防和治理措施。"

二、研究对象

水土保持既要保护土地资源，又要防止水资源污染。其实质除了需要实施保护外，还要对水土资源进行改善和适当的配置。把保护水土的内涵停留在表面的保护土壤和水资源上是错误的。除此之外，水土保持与避免土壤遭到侵蚀的概念不相等。

水土保持从以下几个方面进行：科学分配土地资源；避免水源、土壤资源损失；防治土壤退化；充分利用有限的自然资源；控制地表径流；为农地保蓄水分；节流灌溉与适当排水；改善生态环境和提高农业生产等。

水土保持按项目类型又主要分为农地水土保持、林地水土保持、草地水土保持、道路水土保持、工矿区保护水土资源、保护水库、城镇水土资源，形成绿色良好的环境等。

水土保持的研究对象具体体现在以下几个领域。

（一）土壤资源领域

丰富土壤内有机物质的种类和含量，提高土壤贮水及排水的能力，对土壤结构进行调整，促进土壤生产力及抗逆性的提高。

（二）植物资源领域

部分地区的森林植被由于过度砍伐，造成了严重的水土流失，在这些地区中可通过种植花草树木、封山育林等方式恢复原有的自然样貌，扩大植被的覆盖面积，从而达到保护土壤及水资源、阻挡沙尘、建立良好的生态环境的目的。

（三）工程措施领域

通过修建各项水土保持工程以预防水土流失灾害的发生，促进土壤及水资源循环利用。具体的措施不仅包括防治山坡水土流失的工程，如梯田、水平沟等；还包括防治沟壑水土流失的工程，如各类型淤地坝、栏沙坝和沟头防护工程。除此之外，还包括如喷灌、滴灌等小型灌排设施。

第二节　水土流失现状、趋势及危害

一、水土流失现状

根据 2002 年 1 月水利部公布的"全国第二次水土流失遥感调查成果"，20 世纪 90 年代末，我国遭受水土流失地区的总面积约 355.55 万 km²，其中，水蚀造成的破坏面积约 164.88 万 km²，因风蚀造成的破坏区域面积约 190.67 万 km²，在水蚀、风蚀面积中，水蚀风蚀交错区水土流失面积 25.76 万 km²。

表 1-1　全国土壤侵蚀强度面积统计（1999）

项目	土壤水蚀		土壤风蚀	
	面积/万 km²	占比/%	面积/万 km²	占比/%
轻度侵蚀	83	50.30	79	41.36
中度侵蚀	55	33.33	25	13.09
强度侵蚀	18	10.91	25	13.09
极强度侵蚀	6	3.64	27	14.14
剧烈侵蚀	3	1.82	35	18.32
合计	165	100	191	100

我国土壤损失情况严重，覆盖领域广，各地区及村镇、城市都存在土壤侵蚀问题。

第一，水蚀区域有长江中上游的四川、重庆等地区，黄河中下游的甘肃、宁夏等地区。除此之外，部分华北、东北的地区如河北、辽宁等，为水蚀所害的程度也异常突出。

第二，风蚀最严重的地区为西北地区的新疆、内蒙古、青海、甘肃以及西南地区的西藏，仅这 5 省（自治区）的风蚀面积就达到 183.62 万 km²，占全国风蚀总面积的 95.30%。

二、2000 年和 2010 年水力侵蚀风险及其对土地利用的影响

人类活动对土壤侵蚀发生及发展的影响，主要是通过对土地的不同利用方式产生，合理的土地利用（如植树造林、坡地退耕或改梯田耕作等）可以有效地减少侵蚀风险性或减缓侵蚀速率。

土地利用方式对水力侵蚀风险的影响角度出发，叠加 2000 年和 2010 年的土地利用与相应时期的水力侵蚀风险指数数据，按照水土保持区界进行统计，结果如表 1-2。研究中考虑到水体和城镇/建设用地水力侵蚀发生的可能性相对较小，在本文中不予计算，主要以耕地（包括山区水田、丘陵水田、平原水田、大于 25 度水田、山区旱地、丘陵旱地、平原旱地和大于25度旱地)、林地（包括有林地、灌木林地、疏林地和其他林地）、草地（高覆盖度草地、中覆盖度草地和低覆盖度草地）和未利用地（沙地、戈壁、盐碱地、湿地、裸土地、裸岩石砾地和其他未利用土地）等4个地类为主要分析对象。2000年，结果如表1-2所示，耕地区中，中度及以下风险级的面积占比最大（约79%），较高和高风险的侵蚀耕地面积比也较大（约占19%），极高风险的侵蚀耕地很少，面积比不到2%；林地区中度及以下侵蚀风险级的面积占比也最大（约82%），较高和高风险的侵蚀林地面积比也较大（约为17%），极高风险的侵蚀林地面积比最小（约1.1%）；草地区中度及以下侵蚀风险级的面积比也是最大的（约58%），比耕地和林地的同侵蚀风险级别的面积比减少很多，较高和高风险级的侵蚀草地面积比很大（约39%），极高侵蚀风险级的草地面积比也是最小的（约3%），但比耕地和林地同侵蚀风险级别的面积比增大很多；未利用土地区，中度及以下侵蚀风险级的面积比略大于50%，但较高和高侵蚀风险级的未利用土地面积比很高（约46%），极高侵蚀风险级的未利用土地面积比也最小（约3.1%）。

表1-2　2000年4个主要地类的水力侵蚀风险等级面积占比

2000年	无风险	低风险	中度风险	较高风险	高风险	极高风险	合计
耕地	44.46%	18.50%	16.06%	11.45%	7.62%	1.92%	100.00%
林地	15.18%	46.99%	19.67%	9.91%	7.15%	1.10%	100.00%
草地	9.02%	25.48%	23.90%	22.92%	15.63%	3.06%	100.00%
未利用土地	31.47%	8.13%	10.69%	22.46%	23.29%	3.97%	100.00%

2010年研究区耕地、林地、草地和未利用土地的水力侵蚀风险级面积分布格局与2000年相似，见表1-3，各土地类型中都以低侵蚀风险级的面积比大于高侵蚀风险级的。但2010年除林地区以外，低侵蚀风险级的土地面积比还有增大的趋势，较高和高风险级的面积比减小了，如中度及以下侵蚀风险级的耕地面积比增加到了87.63%，而其较高和高风险级的侵蚀耕地面积比减小为9.69%，耕地、林地和草地

区的极高风险级别的侵蚀面积比也增加明显，未利用土地区的极高侵蚀风险级的面积比略有减小。总体来说，土地利用结构趋于合理，有助于土壤侵蚀治理保护，但在有些环境条件特别易于发生侵蚀的地区，如地形起伏度大或坡度陡、可蚀性强的土壤质地区、降雨充沛、植被覆盖度低等条件不好的地区，对植被的破坏和不合理的土地利用方式就会引起极大的侵蚀风险。

表 1-3 2010 年 4 个主要地类的水力侵蚀风险等级面积占比

2010 年	无风险	低风险	中度风险	较高风险	高风险	极高风险	合计
耕地	45.28%	23.08%	19.26%	6.04%	3.66%	2.68%	100.00%
林地	9.35%	32.16%	35.25%	14.42%	6.02%	2.80%	100.00%
草地	7.13%	29.89%	31.79%	17.08%	10.09%	4.02%	100.00%
未利用土地	24.67%	12.96%	16.46%	23.90%	18.82%	3.20%	100.00%

细化主要土地利用类型水力侵蚀风险指数分布格局，结果见表 1-4 所示，东北黑土区以林地和草地的水力侵蚀风险指数最大，耕地和未利用土地的风险指数最小，相比 2000 年，2010 年该区林地和未利用地的水力侵蚀风险指数有所上升，耕地和草地的下降了。

北方土石山区以林地和草地的土壤侵蚀风险指数最大，耕地和未利用土地的风险指数最小，相比 2000 年，2010 年该区林地和未利用地的水力侵蚀风险指数有所上升，耕地和草地的下降了。

西北黄土高原区耕地、林地、草地和未利用地的水力侵蚀风险指数都是全国相对最大的，相比 2000 年，2010 年该区林地和未利用地的水力侵蚀风险指数有所上升，耕地和草地的下降了。

南方红壤区，2000 年以林地和草地的土壤侵蚀风险指数最大，2010 年以耕地的风险指数最大，相比 2000 年，2010 年该区耕地、林地、草地和未利用地的水力侵蚀风险指数都增大了，尤以农田侵蚀风险指数增长最显著。

表1-4 2000–2010年不同土地利用方式下水力侵蚀风险指数

水土保持区	土地利用类型	2000年风险指数	2010年风险指数
东北黑土区	耕地	0.0296	0.0274
	林地	0.0474	0.0634
	草地	0.0650	0.0565
	未利用地	0.0261	0.0353
北方风沙区	耕地	0.0352	0.0270
	林地	0.0498	0.0615
	草地	0.0703	0.0635
	未利用地	0.0687	0.0798
北方土石山区	耕地	0.0308	0.0279
	林地	0.0596	0.0811
	草地	0.0728	0.0733
	未利用地	0.0242	0.0259
西北黄土高原区	耕地	0.1137	0.0885
	林地	0.0993	0.1105
	草地	0.1256	0.1069
	未利用地	0.1221	0.1243
南方红壤区	耕地	0.0251	0.1243
	林地	0.0362	0.0547
	草地	0.0330	0.0470
	未利用地	0.0129	0.0142
西南紫色土区	耕地	0.0585	0.0581
	林地	0.0530	0.0777
	草地	0.0553	0.0813
	未利用地	0.0796	0.1009
西南岩溶区	耕地	0.0807	0.0622
	林地	0.0725	0.0683
	草地	0.0665	0.0656
	未利用地	0.0870	0.0799
青藏高原区	耕地	0.0758	0.0706
	林地	0.0814	0.0786
	草地	0.0857	0.0719
	未利用地	0.1202	0.1089

西南紫色土区以未利用土地的侵蚀风险指数最大，相比2000年，2010年该区除耕地的风险指数减小了外其他土地利用类型的侵蚀风险指数都增大了。

西南岩溶区也以未利用土地的侵蚀风险指数最大，相比 2000 年，2010 年该区耕地、林地、草地和未利用地的水力侵蚀风险指数都减小了。

北方风沙区以草地和未利用地的侵蚀风险指数最大，相比 2000 年，2010 年该区林地和未利用地的侵蚀风险指数增大了，耕地和草地的侵蚀风险指数却是减小了。

青藏高原区以未利用地侵蚀风险指数最大，而且耕地、林地、草地和未利用地的水力侵蚀风险指数从 2000 年至 2010 年都呈减小变化。

三、水土流失的影响

我国土壤资源破坏的程度位居国际前列，黄河中上游及我国东北的少数地区是水土流失的高发地区。水土流失带来的恶劣影响有以下几点。

(一) 破坏土壤资源

土壤破坏导致土壤内丰富的营养物质流失，极易形成沟壑地势，土壤贫瘠，土壤出现裂化现象，造成农耕用田面积缩小。如果不及时采取有效的措施，适合耕种的田地将越来越少，影响人们的日常生活。有调查称，除沙尘破坏外，我国土壤及水资源损失总面积达到我国土地总面积的 16%。遭受水土流失的黄土高原面积共 43 万 km^2，占黄土高原总面积的 81%。在山西等省内，干沟超过 50 条，长度 5 ~ 10km，这些沟河的长度大多较长，沟河峡谷的面积达水域总面积的二分之一。

(二) 土壤肥力和质量下降

由于土壤被破坏营养大量减少，不管是土壤的肥力又或是植物的产量上都有着大幅度的下降。吉林省的黑土地区，每年土层流失量的厚度最低为 0.5cm，最高则达到 3cm，原来丰富的土层逐渐变得贫瘠，有些侵蚀严重的地方黑土层几乎被全部破坏，地表层随处可见的是黄土与乱石。四川盆地中部的土石丘陵区，其坡地的坡度为 15° ~ 20°，年均表土侵蚀厚度为 2.5cm；陕西某地区的年均侵蚀量已超过 6000t/km^2，甚至最高时要超过 2 万 t；淮河以南的红黄壤地区，譬如江西的兴国县，平均年流失量为 5000 ~ 8000t/km^2，甚至有部分地区可达到

$13500t/km^2$，裸露的花岗岩风化坡面之所以有着南方"红色沙漠"之称也是因其地表温度在夏季时高达70℃而得名。而珠江三角洲就目前而言其部分海岸线是以每年50～100m的速度向前推进。我国土壤的流失数量就已达到50万t，占世界总流失量的20%，相当于剥去10mm厚的较肥沃的土壤表层。水土流失的土壤表层通常是较肥沃的，所以使土壤中的有机物及养分损失惨重；土壤的理化性质也趋于恶化，如土壤的板结、土质的变坏等，且土壤的透气性和透水性都有所下降。

（三）生态环境恶化

由于严重的水土流失，导致地表植被的严重破坏，我们所生存的环境日益恶化，使各种自然灾害发生的频率逐年升高，其中干旱所带来的危害越发严重。黄土高原地区10年有5～7年便会发生一次的旱灾，严重影响农林业生产的发展。

（四）破坏水利、交通工程设施

水土流失带走的大量泥沙，被送进水库、河道、天然湖泊，造成河床淤塞、抬高，引起河流泛滥，大大缩短了水利设施的使用寿命，这是平原地区发生特大洪水灾害的主要原因之一。大量泥沙的淤积还会造成大面积土壤的次生盐渍化。此外，一些地区因重力侵蚀形成崩塌、滑坡或泥石流等，经常导致交通中断，道路桥梁破坏，河流堵塞，也造成了巨大的经济损失。

第三节　水土保持与农业可持续发展

水土流失是农业生产中长期存在的一个重要问题。水土流失会导致养分退化和生产力降低，没有了肥沃的土壤，人们的农业生产将无法正常进行下去，人们得益于土壤，人们更依赖于土壤，同时土壤还是人类世代相传的生存条件和生产条件，可以说是我们的生命线。现代农业生产中农业机械化水平稳步上升，不管是在土地产出率还是劳动生产率等方面都因此而大大提高，显著增强了农业综合生产能力，同时也大大缩减了农业生产的成本。然而，高度机械化作业，极易导致耕作、犁耙过度，进一步加剧农田土壤的风蚀和水蚀，更易造成水土流失和沙尘暴肆虐。

水土保持是指针对自然因素和人为活动造成水土流失所采取的预防和治理措施。而农业可持续发展是人类可持续发展大系统中的一个重要组成部分，构建农业可持续发展战略需要从农业资源环境保护、宏观经济战略、经济体制和社会制度等多角度去全面透视和探索。水土保持与农业可持续发展两者之间有着密切的联系。

一、水土保持对农村可持续发展的巨大支撑

（一）水土保持可以改善农业生态与环境

水土保持通过工程、林草、农业耕作等措施的有效结合，可以提高生态自我修复能力和植被覆盖率，涵养水土资源，改善江河水流状况，有效防止水土流失和土地荒漠化；减少滑坡、泥石流、山洪等灾害的发生，减少入河泥沙和河道淤积，提高河道防洪减灾能力；防止沙尘暴等恶劣天气的发生，改善流域生态与环境。

（二）水土保持可以帮助农民脱贫

就水土保持的工作任务而言，一方面可促使农业生产率的稳步上升，且使农业生产和收成有不同程度的提高，另一方面促使农业的高效发展和生态建设紧密结合，从结构上进行农村产业的进一步调整，确保第二、第三产业上农民的盈利收入有所增加。水土保持有助于推进新农村建设。把水土保持与新农村建设紧密结合起来，实行山、水、电、田、林、路、草、房、厕、池（垃圾池、沼气池、生活用水池）、管线（涵管、水管、电线、电话线、网络线）、村镇、住宅、防洪、排涝、排污等统筹规划，把水土保持的理念渗透到新农村建设中，以水土保持的技术标准完成生态文明新农村建设的目标任务，可以有力地促进新农村基础设施建设。

二、农业持续发展对水土保持工作有着巨大的推动作用

（一）可以为水土保持工作提供财力保证

水土保持工作的长期性和艰巨性决定了水土保持需要巨大的投入，光靠中央政府投入是远远不够的，通过农业可持续发展，农村经济状况得到改善，地方政府就有更多的财力投入到水土保持工作中来，广大农民以及各种社会资金也可以在水土保持中贡献更多的力量。

（二）可以为水土保持工作提供科技支撑

水土保持工作需要遵循自然规律，需要有先进科技的指导，通过农村可持续发展，农民素质得到提高，增强了吸收、消化和运用先进科学技术知识应对水土保持与农村可持续发展所面临的问题的能力，能使水土保持工作取得事半功倍的效果。

（三）可以为水土保持工作提供基础设施保障

水土保持工作不是某一个部门的工作，而是一个需要多个部门或者行业协同合作的工作，如交通、电力等部门，通过农业可持续发展战略，能使农村的电力、交通等基础设施更加完善，从而为水土保持工作提供有力的保障。

第二章　水土流失的机理分析

本章主要对水土流失的机理进行了探究。对土壤侵蚀与水土保持关系、土壤侵蚀的类型、形式和我国土壤侵蚀类型分区、土壤侵蚀机理与影响因素进行了详细的讲解。

第一节　土壤侵蚀与水土保持关系

一、土壤侵蚀

（一）土壤侵蚀营力

地壳组成物质和地表形态永远处在不断地变化发展中。地表形态及其成因、发展规律是非常复杂的。改造地表起伏、促使地表形态变化发展的基本力量是内营力（或称内动力）和外营力（或称外动力）。地表形态发育的基本规律就是内营力与外营力之间相互影响、相互制约、相互作用的对立统一。

1. 内营力

内营力作用是由地球内部能量所引起的。地球本身有其内部能源，人类能感觉到的地震、火山活动等现象已经证明了这一点。地球内部能量主要是热能，而重力能和地球自转产生的动能对地壳物质的重新分配、地表形态的变化也具有很大的作用。

内营力作用主要体现在地壳板块运动、岩浆活动和地震等方面。

2. 外营力

太阳能是外营力作用的最重要的来源。地壳通过其表面和地壳外部的生物圈、水圈以及大气圈产生充分的接触，且相互之间会存在着一定的作用以及影响，以此来促使地壳表面的形态不断发生变化。从总体趋势来说，堆积以及剥蚀都是外营力作用使地面趋于平整的方式，如流水侵蚀、冰川作用、风沙等。各种作用对地貌形态的改造方式虽不相同，但是从过程实质来看，都经历了风化、剥蚀、搬运和堆积（沉积）几个环节。

（1）风化作用。Weathering 即风化作用，是指地表的岩石等物质在外部大气环境下通过外部大气和地表生物的作用，发生一系列物理和化学变化。岩石是一定地质作用的产物，一般说来岩石经过风化作用后都是由坚硬转变为松散、由大块变为小块。由高温高压条件下形成的矿物，在地表常温常压条件下就会发生变化，失去它原有的稳定性。通过物理作用和化学作用，又会形成在地表条件下稳定的新矿物。所以，风化作用是使原来矿物的结构、构造或者化学成分发生变化的一种作用。对地面形成和发育来说，风化作用是十分重要的一环，它为其他外营力的作用奠定了基础。

风化作用可分为物理风化作用和化学风化作用。而生物风化就其本质而言，可归入物理风化或化学风化作用之中，它是通过生物有机体去完成的。

物理风化作用又称为机械风化作用或机械崩解作用。岩石受机械应力作用而发生破碎，化学成分并不发生改变。物理风化作用的重要形式之一是冰冻作用（冰楔作用），这是由于在岩石裂缝中的水冻结时，体积膨胀而使岩石撑裂的一种作用。

在干燥气候地区，温度的急剧变化和某些盐分物态的变化，也常使岩石沿裂缝撑裂，这是干燥气候地区岩石风化作用的重要形式。

化学风化作用也称化学分解作用，它是岩石与其他自然因素（水、大气等）在地表条件下所发生的化学反应。岩石经过化学风化后，成分和结构都发生显著变化。在化学风化过程中，水起着重要的作用，如自然界中石灰岩被溶蚀就是通过空气中二氧化碳溶解于水形成碳酸，进而与石灰岩中碳酸钙起化学反应来实现的。又如在水的参与下，通过空气中的游离氧与矿物中金属离子结合，形成稳定的氧化物。从以上分析的情况看，自然界中化学风化的速度在很大程度上受气候条件影响。在湿润气候地区化学风化强烈，在高寒地区化学风化相对较弱。

化学风化作用主要通过水化作用、水解作用、溶解作用和氧化作用等反应过程来完成。

生物风化是生物在其生命活动过程中对岩石产生的机械破坏或化学风化作用。据估计，植物根系生长对周围岩石的压力可达到$10 \sim 15 kgf/cm^2$。生物的新陈代谢和遗体腐烂分解的酸类也能对岩石产生化学风化作用。

（2）剥蚀作用。剥蚀作用是指地表的各种外营力作用，如风力作用、水流侵蚀、冰川侵蚀等，通过搬运方式将原先被其破坏的地表物质搬离，使地面趋于平坦。狭义的剥蚀作用指的是在片状的流水和重力的作用下，地表被逐渐侵蚀并变低的过程。而通常所说的侵蚀作用是外营力的各种形式，包括海蚀、冰蚀、风蚀等。这些外营力基于其作用的方式、结果、过程的差异以及作用营力的性质不同，其类型有风力、水力以及冻融等剥蚀。

（3）搬运作用。搬运作用指的是各种外营力作用把风化、侵蚀后的碎屑物质从原处搬离到其他地方的过程。具体可以依据搬运的介质不一样，将搬运作用分为冰川搬运、水流搬运和风力搬运等，同时这些搬运在形式方法上也有很多种类，如冰川的整体移动、水流的溶解搬运等。众所周知，我国的母亲河黄河的泥沙搬运能力是很强的，上游的泥沙被水流搬运到下游，可以形成地上河以及下游沉积平原。

（4）堆积作用。堆积作用或者沉积作用是指由于搬运介质的变化或搬运力量的减弱、生物活动的加入后使被搬运的物质发生沉底堆积的过程。如化学、生物和机械等沉积作用都属于沉积的方式。沉积作用的典型例子就是黄河在中下游形成的地上河，在入海口处，还会对海洋的生态环境产生非常显著的影响。

外营力将被内营力所造成的高低不平的地势通过各种作用下的加工来促使其趋于平坦，两者处于对立的统一之中，这种对立过程，此消彼长，统一于整个地表环境，并一定程度上决定了土壤被影响的整个过程。

（二）正常侵蚀与加速侵蚀

依据土壤侵蚀发生的速率大小和是否对土资源造成破坏将土壤侵蚀划分为加速侵蚀和正常侵蚀。

加速侵蚀是由于人为的大幅度干预，而使土壤被侵蚀的速度和程度远远大于其被自然所侵蚀的程度的侵蚀类型。人类在生产活动中，对森林的乱砍滥伐、过度放牧等在一定程度上导致了水土流失、土地荒漠化，而最终所导致的结果便是土地资源的损失和破坏。现代加速侵蚀便是指土壤因此种情况而被侵蚀。

正常侵蚀指的是在不受人类活动影响的自然环境中，所发生的土壤侵蚀速率小于或等于土壤形成速率的那部分土壤侵蚀。这种侵蚀不易被人们察觉，实际上也不至于对土地资源造成危害。

从陆地形成以后土壤侵蚀就不间断地进行着。这种在地史时期纯自然条件下发生和发展的侵蚀作用侵蚀速率缓慢。自从人类出现后，人类为了生存，不仅学会适应自然，更重要的是开始改造自然。有史以来（距今5000年），人类大规模的生产活动逐渐形成，改变和促进了自然侵蚀过程，这种加速侵蚀发展的侵蚀速度快、破坏性大，其影响深远。

（三）古代侵蚀和现代侵蚀

古代侵蚀和现代侵蚀的划分是以人类的出现为时间点来划分的。人类在大约200万年之前的第四纪开始出现在地球上，在此前由于没有人类活动的干预所造成的侵蚀现象，称为古代侵蚀。而之后的土壤侵蚀由于出现了人类这一非自然因素，被称为现代侵蚀。

因为风力、冰川、流水等外营力的作用，对地表产生的剥蚀、搬运、沉积等一系列侵蚀现象，即为古代侵蚀。这些外营力也不是一成不变的，所侵蚀的程度也各有不同，有时比较激烈，有时又相对轻微。激烈时，便可对土地资源产生一定的危害，而轻微时则不具备此能力。而这一切都不属于人类的活动，是在自然因素的影响下发生的。

现代侵蚀指的是自从人类出现在地球上之后，土壤因为人类一系列的改造手段以及地球内外营力的作用下而导致的侵蚀现象。当此侵蚀异常剧烈时，不仅不利于当地的农业生产还严重影响当地人类的生存。这种侵蚀类型被叫作现代侵蚀。

现代侵蚀也可以根据是否有人类的活动的加入而分为两种。一种因人类活动的不合理所造成的现代侵蚀，而另一种的现代侵蚀与人类活动无关，是地球的内外营力共同作用下导致的，而我们把无人类活动参与的侵蚀叫作地质侵蚀。所以说，当土地资源因地质营力而导致地表层物质遭遇如位移、沉积等形式的侵蚀破坏时即为地质侵蚀。而地质侵蚀的过程并非人为因素所造成，因此，只要是因地质营力而导致的所有侵蚀不管人类是否出现均视为地质侵蚀。

正常侵蚀、加速侵蚀、古代侵蚀和现代侵蚀之间互有关联（图2-1）。

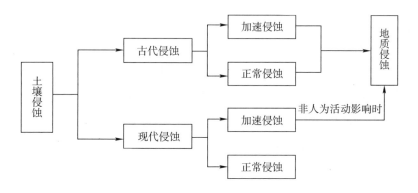

图2-1 按土壤侵蚀发生的时间和发生速率划分的土壤侵蚀类型

二、水土保持与土壤侵蚀的关系

土壤侵蚀是水土保持的工作对象，水土保持就是在合理利用水土资源的基础上，采用水土保持措施、水土保持工程措施、水土保持农业措施、水土保持管理措施等构成的水土保持综合措施体系，以此来保护水土资源，提升土地保持水土的能力。只有这样，才能提升土壤肥力，提升单位面积生产力。同时，在改善自然生态、生物环境等方面都能起到积极的意义。

第二节　土壤侵蚀的类型、形式和我国
土壤侵蚀类型分区

一、土壤侵蚀的类型及形式

（一）划分方法

土壤侵蚀种类可以围绕土壤的侵蚀与如何进行防治的角度来区分，一般来说，有三种区分种类，那就是按导致土壤侵蚀的外营力种类、按土壤侵蚀发生的时间和按土壤侵蚀发生的速率来划分。

（二）按导致土壤侵蚀的外营力种类划分

按导致土壤侵蚀的外营力种类进行土壤侵蚀类型的划分，是土壤侵蚀与防治问题中最基础的一种工作方法。一种或多种外营力是导致一种土壤侵蚀发生的主要原因，所以这一种分类的方法就是根据导致土壤产生侵蚀的外营力类型来区分的。

一般来说引起土壤侵蚀的外营力因素主要有水力、风力、重力、冰川、温度变化因素、人为因素，可以把土壤侵蚀分为水力侵蚀、风力侵蚀、重力侵蚀、混合侵蚀、冰川侵蚀、温度变化侵蚀、人为因素侵蚀等。

1. 水力侵蚀

水力侵蚀指的是在降雨雨滴击溅、地表水流和下渗水分作用下，土壤、土壤母质及其他地面组成物质被破坏、剥蚀、搬运和沉积的全部过程。

水力的侵蚀作用主要有以下形式。

（1）雨滴击溅侵蚀。降水时，雨滴在落地时由于重力因素会对地表的土壤以及其余地表物质产生冲击作用，引发其发生转移和剥蚀作用，也把这一现象称为雨滴击溅侵蚀，简称为溅蚀。

（2）面蚀。斜坡上的降雨不能完全被土壤吸收时在地表产生积水，由于重力作用形成地表径流，开始形成的地表径流处于未集中的分散状态，分散的地表径流冲走地表土粒一称之为面蚀。按面蚀发生的地质条件、土地利用现状和发生程度不同，面蚀可分为层状面蚀、砂砾化面蚀、鳞片状面蚀和细沟状面蚀。

（3）沟蚀。在面蚀的基础上，尤其细沟状面蚀进一步发展，分散的地表径流由于地形影响逐渐集中，形成有固定流路的水流，称作集中的地表径流或股流。集中的地表径流冲刷地表，切入地面带走土壤、母质及基岩，形成沟壑的过程——称之为沟蚀。

（4）山洪侵蚀。在山区、丘陵区富含泥沙的地表径流，经过侵蚀沟网的集中，形成突发洪水，冲出沟道向河道汇集，山区河流洪水对沟道堤岸的冲淘、对河床的冲刷或淤积过程称为山洪侵蚀。

（5）海岸浪蚀及库岸浪蚀。该类型产生的原因是水力和风力的结合。由于风力作用形成的波浪，对海岸线、水库及大型河道两侧形成冲击作用。如果岸体为土体时，使海岸及库岸产生涮洗、崩塌逐渐后退，如果岸体为较硬的岩石时，岸体形成凹槽，波浪继续作用就形成侵蚀崖。

2. 风力侵蚀

风力侵蚀指的是由于气流的作用，地表上的土壤沙粒或颗粒受到冲击而被其带到空中并随风流移动，同时这也是一个被搬运和沉积的过程。这一阶段会使地表的形态发生变化。在土壤小颗粒及沙尘等被搬运的同时，其移动过程中产生的动能也会对沿途的地表物质产生撞击、摩擦及拍打作用。这一作用同样对地表形态产生影响。在风力大的环境下，这一作用尤其明显，如我国北方的荒漠地带，地表平坦，气候干燥且风力大。在易扬尘的天气中，短时间内就可以使地貌发生巨大变化。风力侵蚀典型的形态有风蚀城堡、沙丘等。

3. 重力侵蚀

重力侵蚀是一种以重力作用为主引起的土壤侵蚀形式，是坡面表层土石物质及中浅层基岩，由于本身所受的重力作用（很多情况还受下渗水分、地下潜水或地下径流的影响），失去平衡，发生位移和堆积的现象。重力侵蚀多发生在坡度大于25°的山地和丘陵，在沟坡和河谷较陡的岸边也常发生重力侵蚀；由人工开挖坡脚而形成的临空面、修建渠道和道路形成的陡坡也是重力侵蚀多发地段。根据土石物质破坏的特征和移动方式，一般地可将重力侵蚀分为陷穴、泻溜、滑坡、崩塌、地爬、崩岗、岩层蠕动、山剥皮等。

（1）陷穴。在黄土地区或黄土状堆积物较深厚地区的堆积层中，地表层发生近于圆柱形土体垂直向下塌落的现象称为陷穴。。

（2）泻溜。在陡峭的山坡或沟坡上，由于冷热干湿交替变化，表层物质严重风化，造成土石体表面松散和内聚力降低，形成与母岩体接触不稳定的碎屑物质，这些岩土碎屑在重力作用下时断时续地沿斜坡坡面或沟坡坡面下泻的现象称为泻溜。

（3）滑坡。坡面岩体或土体沿贯通剪切面向临空面下滑的现象称为滑坡。滑坡的特征是滑坡体与滑床之间有较明显的滑移面，滑落后的滑坡体层次虽受到严重扰动，但其上下之间的层次未发生改变。滑坡在天然斜坡或人工边坡、坚硬或松软岩土体都可能发生，它是常见的一种边坡变形破坏形式。

（4）崩塌。在陡峭的斜坡上，整个山体或一部分岩体、块石、土体及岩石碎屑突然向坡下崩落、翻转和滚落的现象称为崩塌。

（5）地爬（土层蠕动）。寒温带及高寒地带土壤湿度较高的地区在春季土壤解冻时，上层解冻的土层与下层冻结的土层之间形成"两张皮"，解冻的土层在重力分力作用下沿斜坡蠕动，在地表出现皱褶，称为地爬或土层蠕动。

（6）崩岗。指的是在重力和水力的混合作用下，山坡严重风化的岩体向下崩落的现象。

（7）岩层蠕动。指的是处于斜坡上的岩体由于自身强度不足且受自身重力的作用下，产生缓慢的弹性形变或者塑性形变。

（8）山剥皮。土石山区陡峭坡面在雨后或土体解冻后，山坡的一部分土壤层及母质层剥落，裸露出基岩的现象称为山剥皮。

4. 混合侵蚀

混合侵蚀主要是在水流冲力与重力共同影响下所产生的一种特殊侵蚀形式，俗称泥石流。主要包括以下形式。

（1）石洪。石洪是发生在土石山区暴雨后形成的含有大量土砂砾石等松散物质的超饱和状态的急流。其中所含土壤粘粒和细沙较少，不足以影响到该种径流的流态。石洪中已经不是水流冲动的土沙石块，而是水和水沙石块组成的一个整体流动体。因此石洪在沉积时分选作用不明显，基本上是按原来的结构大小石砾间杂存在。

（2）泥流。泥流是发生在黄土地区或具有深厚均质细粒母质地区的一种特殊的超饱和急流，其所含固项物质以黏粒、粉沙等一些细小颗粒为主。泥流所具有的动能远大于一般的山洪，流体表面显著凹凸不平，已失去一般流体特点，在其表面经常可浮托、顶运一些较大泥块。

（3）泥石流。它是一种突发性高，破坏性大的地质灾害现象。其内部包含大量的泥沙和石块，在水流和重力的作用下可造成巨大的破坏。泥石流的形成需要汇聚大量的地表水，同时在发生泥石流的山区还需要具备大量松散土层、固体岩石的条件。泥石流发生的前期通常是山区暴雨，水流大量汇聚，难以短时间内排出，加上土质松松，植被稀少，缺乏固定，便极易引发泥石流。面状、沟状侵蚀作用是泥石流产生的前提条件。一旦发生泥石流这表明该山区土壤遭到严重的侵蚀。

（三）按土壤侵蚀发生的速率划分

（1）加速侵蚀。加速侵蚀是指由于人们不合理活动，如滥伐森林、陡坡开垦、过度放牧和过度樵采等，再加之自然因素的影响，使土壤侵蚀速率超过正常侵蚀（或称自然侵蚀）速率，导致土资源的损失和破坏。一般情况下所称的土壤侵蚀就是指发生在现代的加速土壤侵蚀部分。

（2）正常侵蚀。正常侵蚀是指在不受人类活动影响下的自然环境中，所发生的土壤侵蚀速率小于或等于土壤形成速率的那部分土壤侵蚀。这种侵蚀一般不会对土壤资源造成不利影响。

二、我国土壤侵蚀类型分区

依据我们国家的地质地貌特征以及自然界某一外营力（如水力、风力等）在较大区域起的主导作用，土壤侵蚀类型分为一级类型区和二级类型区。

（一）一级类型区

全国分为水力、风力、冻融三个一级土壤侵蚀类型区，重力侵蚀和混合侵蚀不单独分类型区。

（二）二级类型区

水力侵蚀类型区有黄土高原区、我国北部土石山区、东北黑土区、西南土石区以及南方丘陵区这五个二级土壤侵蚀区。

风力侵蚀类型区有西北、东北和北部的沙漠戈壁地区和各大环湖环海沿河地区两个二级土壤侵蚀区。

冻融侵蚀类型区有北方冻融土侵蚀区、青藏高原冰川冻土侵蚀区两个二级类型区。

三级类型区以及亚区的划分：我国各个流域和各个省级行政区划可以在二级类型区的基础之上再进行划分。

第三节 土壤侵蚀机理与影响因素分析

一、土壤侵蚀机理分析

（一）水力侵蚀

1. 水力侵蚀表现

水力侵蚀是通过水力作用实现的。从动力角度来讲，水力侵蚀是降雨侵蚀力与径流冲刷力共同作用的结果。水力作用的表现如下。

（1）水力作用首先表现为降雨侵蚀力。因降雨而形成的特殊物理特征所表现出的函数关系是降雨侵蚀力的强度，在一定条件下，对土壤的侵蚀程度取决于降雨的侵蚀力，二者呈正比关系。

侵蚀力的计算，经过国内外许多学者的研究，已有很大进展。威斯迈尔（W. H. Wischmeier）经过大量的寻优计算，构建了一个复合参数 R 的指标来表示，其表达式为：

$$R = EI_{30} \tag{2-1}$$

式中：E 为该次降雨的总动能，英尺·英寸或 J/（m^2·mm）；I_{30} 为该次暴雨过程中出现的最大 30min 雨强，mm/h。

（2）水力作用其次表现为水流作用力。水体流动，对床面上的泥沙产生作用。作用于泥沙的力既包括水流作用力，也包括泥沙的重力及其分力（图2-2），其中水流作用力有水流推移力和上举力。

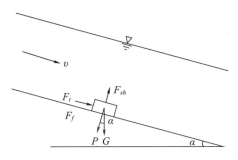

图 2-2　坡面水流作用力

设一边长为 d 的正立方体泥沙处于坡面上，并被埋于水体中，水流以速度 v 流动，则该泥沙体的受力状况具体如下。

1）重力及其分力。泥沙在水中的重力：

$$G = (\rho_s - \rho_\omega)d^3 g \tag{2-2}$$

沿坡面的分力：

$$P_1 = (\rho_s - \rho_\omega)d^3 g\sin\alpha \approx (\rho_s - \rho_\omega)d^3 g \cdot J \tag{2-3}$$

对坡面垂直压力：

$$P_2 = (\rho_s - \rho_\omega)d^3 g\cos\alpha \approx (\rho_s - \rho_\omega)d^3 g \tag{2-4}$$

则泥沙与坡面的摩擦力为：

$$F_f = (\rho_s - \rho_\omega)d^3 g\tan\varphi \tag{2-5}$$

式中：ρ_s、ρ_ω 分别为泥沙和水的密度；当坡面坡度 α 较小时，认为 $\cos\alpha \approx 1$，$\sin\alpha \approx \tan\varphi = J$，$\tan\varphi$ 为泥沙体与坡面的摩擦系数；φ 为摩擦角。

2）水流推移力。水流推移力为水流对泥沙迎水面的作用力，又称迎面压力，是泥沙迎水面与背水面的压力差所产生的。推移力 F_t 为

$$F_t = \lambda_t \cdot d^2 \frac{\rho v^2}{2} \qquad (2\text{-}6)$$

式中：λ_t 为推移力系数，与泥沙颗粒形状有关。

3）上举力。水流的流速分布总是近表面最大，底部最小，伯努利定律告诉我们，流速的差异产生压力差，水中泥沙上下压力差总是向上的，产生上举力。其值为

$$F_{sh} = \lambda_{sh} \cdot d^2 \frac{\rho v^2}{2} \qquad (2\text{-}7)$$

式中：λ_{sh} 为上举力系数；ρ 为水的密度，$\rho = \dfrac{\gamma}{g}$ 是容重和密度的关系式。

泥沙的上升除上举力作用之外，还有颗粒间弹性碰撞，以及涡流等的作用，是十分复杂的，在此不作讨论。

若泥沙的颗粒为球体，则需将以上公式中 d^3 换成 $\dfrac{\pi}{6}d^3$，d^2 换成 $\dfrac{\pi}{6}d^2$，即成为球体泥沙的重力、推力和上举力了。

（3）水力作用其三表现为水流侵蚀作用。水流侵蚀作用是指水流通过流动和冲刷所产生的对地表造成的破坏。在水流侵蚀作用中，地表上的一些有用物质被水流带走，同时强烈的水流还会夹带石头、树木等对地表猛烈的冲撞和磨损。

1）侵蚀作用方式。如果按照侵蚀的方向，则可分为下蚀和侧蚀两种。

水流切深床面的作用，称下切侵蚀，简称下蚀或切蚀。下蚀的强度决定于水流动能、含沙量及床面组成物质的抗冲性能。水流的动能愈大、含沙量愈少，地表组成物质愈松散，下切速度愈快；相反，下切愈慢。

侧蚀主要是指水流对于地表床面宽度增加的侵蚀作用，侧蚀主要集中在一些弯曲河岸凹进去的一侧，环流离心力越大，侧蚀的程度越深，水流冲刷力也大，侧蚀的程度也越深。

向源侵蚀是沟谷源头的后退侵蚀，指向源头，亦称溯源侵蚀。实

质上是下切在源头和床面坡度突变处向上发展的表现，它受水流速度、流量和床面组成物质控制。溯源侵蚀导致沟谷伸长。

2）侵蚀起动流速。水流能冲刷推动泥沙运动的最小流速，称起动流速或临界流速。它分为滑动起动和滚动起动两种。

由以上水流作用力的分析可知，若要使静止泥沙开始沿坡面滑动，需要满足平衡方程

$$f \cdot (G - F_{sh}) = F_t \tag{2-8}$$

式中：f 为起动摩擦系数；其他符号意义同前。

将以上诸式分别代入式（2-8），整理可得到滑动起动流速 v_d 为

$$v_d = K_1 \cdot \sqrt{d} \tag{2-9}$$

$$K_1 = \sqrt{\frac{2f(\gamma_s - \gamma_\omega)}{(f\lambda_{sh} + \lambda_t)\rho}}$$

式中：K_1 为系数。

若要使静止球形泥沙滚动，则应使滚动力矩与反力矩平衡，满足下列方程

$$F_t \cdot \alpha_1 d + F_{sh} \cdot \alpha_2 d = G \cdot \alpha_3 d \tag{2-10}$$

式中：$\alpha_1 d$，$\alpha_2 d$、$\alpha_3 d$ 分别为球形体相接点的距离（图2-3）。

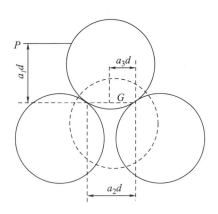

图2-3　泥沙滚动时的受力

将以上各式代入式（2-10）中，整理可得滚动起动的流速 v_{do} 为：

$$v_{do} = K_2 \cdot \sqrt{d} \tag{2-11}$$

$$K_2 = \sqrt{\frac{\alpha_3(r_s - r_\omega)}{\rho(\alpha_1\lambda_t + \alpha_2\lambda_{sh})\frac{3}{4}}}$$

式中：K_2 为系数。

式（2-9）、式（2-11）两式计算中未考虑颗粒沿坡面的向下分力。可以看出，砂砾的粒径总是与流速的平方成正比，而泥沙的体积或重量又与粒径立方成正比。因此，搬动的砂砾颗粒的体积或重量总与流速6次方成正比，即 $G \infty v^6$，这就是山区河流能够搬动大颗粒巨石的原因。

（4）水力作用其四表现为水流搬运作用。水流的搬运作用主要是指水流在运动的过程中对一些泥沙等物质的挟带以及溶解。

1）搬运方式。在上举力作用下起动的较细小泥沙，进入水流以与水流相同的速度呈悬浮状态搬动，称为悬移，被搬运的物质称悬移质。它的悬浮主要受紊流的旋涡流影响，悬移质的数量主要受水流运行中的流速和流量还有流域中的所组成物质的影响。

起动泥沙颗粒较大，可在水流中回落到床面上，对床面泥沙有一定的冲击作用，使另一部分泥沙跃起进入水流，或起动泥沙沿床面滚动、滑动，称为推移，其搬运物质称推移质。

在水流运动中悬移质以及推移质会不断地相互融合以及交换，随着时间的推移以及这种作用力的不断作用，使水流含沙量分布连续，泥沙颗粒较均匀。

2）水流挟沙能力。在一定水流条件下，能够搬运泥沙的最大量称水流挟沙能力，或饱和挟沙量。若上游来水含沙量小于其挟沙能力，水流就会侵蚀床面，取得更多泥沙；反之，则发生泥沙沉积。只有来水含沙量等其挟沙能力，才会不冲不淤，来沙全部通过，或处于动态平衡。水流挟沙能力常以悬移质的数量来度量。

（5）水力作用其五表现为泥沙堆积。当水流能量降低时，搬动泥沙就要发生沉积，亦称堆积。堆积先从推移质中的大颗粒开始，最后悬移质转化为推移质，继而在床面上停积。

图2-4表示出侵蚀、搬运、堆积的关系。横坐标为泥沙粒径大小，

纵坐标为水流的摩阻流速 $V_* = \sqrt{\tau_0/\rho}$ ，或沉速 ω，其中 τ_0 是前边已阐明的近床面水流切应力，这样可利用临界摩阻流速 V_{*c} 代替泥沙起动时的水流切应力 τ_0，作为泥沙起动的判别值。当摩阻流速相当于泥沙沉速时，泥沙才能悬移运动。

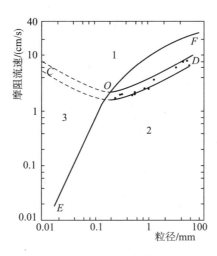

图 2-4　泥沙沉积条件分区

（1）在 COD 线以上，$V_* > V_{*c}$，运动泥沙与床面泥沙有可能发生交换，只有当上游来沙量超过水流挟沙能力时，泥沙才开始沉降；同样，如上游来沙量不及水流挟沙能力，河床就会发生冲刷。其中 OFD 部分的泥沙运动以推移为主，其余泥沙以悬移为主。

（2）在 EOD 线以下，$V_* > V_{*c}$ 及 $V_* < \omega$，水流既不能冲刷床面泥沙，又不能足以支持上游的来沙，泥沙迅速淤积。

（3）在 COE 线左侧，$\omega < V < V_{*c}$，水流不足以自河床中取得泥沙补充，但只要上游来沙，则因该段的紊动强度能够支持其继续悬移运动，将上游来沙输送下去。

2．水力侵蚀分级

下面对水力侵蚀分级进行分析说明。

对于土壤侵蚀的数量以及强度习惯于用侵蚀强度指标来进行定义和记录，而土壤侵蚀强度数据的准确依靠长期的观察和总结，并且相对精准的数据指标对改善水土资源环境和构建生态平衡起到促进作用。

（1）土壤侵蚀模数及侵蚀深。土壤侵蚀模数和侵蚀深是表示侵蚀强度最直观的指标，可比性强，在水土保持的工作中经常用到。

单位面积上每年侵蚀土壤的平均重量，称为土壤侵蚀模数，单位为 $t/（km^2 \cdot a）$。计算式为：

$$M_s = \sum W_s \cdot F^{-1}T^{-1} \qquad (2-12)$$

单位面积上每年流失的径流量，称为径流模数（$m^3/km^2 \cdot a$）。计算式为：

$$M_w = \sum W_w \cdot F^{-1}T^{-1} \qquad (2-13)$$

式中：M_s、M_w 分别为侵蚀模数和径流模数；W_s 为年侵蚀总量，t；W_w 为径流总量，m^3；F 为侵蚀（产流）面积，km^2；T 为侵蚀（产流）时限，年。

侵蚀深 h 是将上述 M_s 转化成土层深度（mm），表示侵蚀区域每年平均地表侵蚀的厚度。转化式为：

$$h = \frac{1}{1000} \cdot \frac{M_s}{r_s} \qquad (2-14)$$

式中：r_s 为侵蚀土壤容重，t/m^3。

（2）沟谷密度及地面割裂度。沟谷密度和地面割裂度可形象地表示侵蚀强度。通常把单位面积上沟谷的长度，称沟谷密度，单位为 km/km^2；把沟壑面积占流域（某区域）总面积的百分数称为地面割裂度。它们形象地表示已经侵蚀的强度大小。

人们在其基础上特别制定了特定径流深（如50mm径流深）或特定降雨量（如10mm降雨量）用以标注土壤侵蚀强度。

土壤侵蚀强度分级是土壤侵蚀严重的国家用来治理本国环境的标准。因为每个国家的土壤侵蚀现状大不相同，而且自然环境也有很大差异，为此，各国在侵蚀强度分级上纷纷根据本国现状来进行区分和制定，并且针对不同的侵蚀强度，实施不同的综合治理。

水利部 2008 年在《开发建设项目水土保持技术规范》（GB50433—2008）中，依据不同侵蚀营力的侵蚀特点，制订出侵蚀强度分级方案（见表2-1、表2-2）。

表 2-1 水力侵蚀强度分级指标

级别	侵蚀模数/［t/（km²·a）］	年平均流失厚度/mm
Ⅰ微度侵蚀（无明显侵蚀）	<200，500，1000	<0.16，0.4，0.8
Ⅱ轻度侵蚀	（200，500，1000）~2500	（0.16，0.4，0.8）~2
Ⅲ中度侵蚀	2500~5000	2~4
Ⅳ强度侵蚀	5000~8000	4~6
Ⅴ极强度侵蚀	8000~15000	6~12
Ⅵ剧烈侵蚀	>15000	>12

注：由于各流域的成土自然条件的差异，可按实际情况确定土壤允许流失量的大小，从 200t/（km²·a）、500t/（km²·a）、1000t/（km²·a）起，但允许值不得少于 200t/（km²·a）或超过 1000t/（km²·a）。

表 2-2 不同水力侵蚀类型强度分级参考指标

级别	面蚀		沟蚀		重力侵蚀
	坡度（坡耕地）/（°）	植被（林地、草地）覆盖度/%	沟壑密度/（km/km²）	沟蚀面积占总面积的百分数/%	滑坡、崩塌、泻溜面积占坡面面积的百分数/%
Ⅰ微度侵蚀（无明显侵蚀）	<3	>90 以上	—	—	—
Ⅱ轻度侵蚀	3~5	70~90	<1	<10	<10
Ⅲ中度侵蚀	5~8	50~70	1~2	10~15	10~25
Ⅳ强度侵蚀	8~15	30~50	2~3	15~20	25~35
Ⅴ极强度侵蚀	15~25	10~30	3~5	20~30	35~50
Ⅵ剧烈侵蚀	>25	<10	>5	>30	>50

（二）风力侵蚀

风力侵蚀在自然界中较为常见，其主要是指土壤受到风力影响导致土壤中的颗粒等物质被侵蚀、沉积的过程。但是需要特别指出的是虽然风力在自然界中较为常见，但是并不等同于所有的地方都会受到风力侵蚀的影响。因为风力侵蚀有两个重要的组成部分。首先，非常强劲的风力是风力侵蚀的基本条件；其次，受到风力侵蚀的区域是较为干旱的区域。综上所述，在全年降水量低于 200~300mm 的干旱和半干旱地区，或者受季节性干旱较为严重的国家和地区都非常容易受到风力的侵蚀作用。

分离、搬运和沉积是风力侵蚀的三个过程。

对沙粒的起动作如下分析。风是沙粒运动的直接动力，气流对沙粒的作用力为

$$P = \frac{1}{2}C_{\rho}V^2A \tag{2-15}$$

式中：P 为风的作用力；C 为与沙粒形状有关的作用系数；ρ 为空气密度；V 为气流速度；A 为沙粒迎风面面积。

沙粒的体积以及表层土壤的黏湿度或者粗糙度会直接影响起动风速的大小。一般沙力愈大，沙层表土愈湿，地面愈粗糙，植被覆盖度愈大，启动风速也愈大，见表 2-3 ~ 表 2-5。

表 2-3　沙粒粒径与起沙风速值（新疆莎车）

沙粒粒径/mm	起沙风速/（m/s）	沙粒粒径/mm	起沙风速/（m/s）
0.1 ~ 0.25	4.0	0.5 ~ 1.0	6.7
0.25 ~ 0.5	5.6	>1.0	7.1

注　风速为距地表 2m 处的测值。

表 2-4　不同含水率时沙粒的起动风速值

沙粒粒径（mm）	不同含水率下沙粒的起动风速/（m/s）				
	干燥状态	含水率/%			
		1	2	3	4
2.0 ~ 1.0	9.0	10.8	12.0	–	–
1.0 ~ 0.5	6.0	7.0	9.5	12.0	–
0.5 ~ 0.25	4.8	5.8	7.5	12.0	–
0.25 ~ 0.175	3.8	4.6	6.0	10.5	12.0

表 2-5　不同地表状况下沙粒的起动风速

地表状况	起动风速/（m/s）	地表状况	起动风速/（m/s）
戈壁滩	12.0	半固定沙丘	7.0
风蚀残丘	9.0	流沙	5.0

注　风速为距地表 2m 处的测值。

1. 风的分离作用

风力侵蚀作用表现如下。

风力侵蚀作用包括吹蚀和磨蚀两种方式。风的侵蚀能力是摩阻流速的函数，可表示为：

$$D = f(v_*)^2 \tag{2-16}$$

式中：D 为侵蚀力；v_* 为侵蚀床面上的摩阻流速。

地表附近风速梯度较大，使凸出于气流中的颗粒受到较强的风力作用。颗粒越大，凸出于气流中的高度越高，受到风的作用力也越大。然而，这些颗粒由于质量较大，需要更大的风力才能被分离。能够被风移动的最大颗粒粒径，取决于颗粒垂直于风向的切面面积及本身的质量。粒径为 0.05 ~ 0.5mm 的颗粒都可以被风分离，以跃移形式运动，其中粒径为 0.1 ~ 0.15mm 的颗粒最易被分离侵蚀。

风沙流中跃移的颗粒增加了风对土壤颗粒的侵蚀力。因为这些颗粒不仅将易蚀的土壤颗粒从土壤中分离出来，而且还通过磨蚀，将那些小颗粒从难蚀或粗大的颗粒上剥离下来带入气流。

磨蚀强度用单位质量的运动颗粒从被蚀物上磨掉的物质量来表示。对于一定的沙粒与被蚀物，磨蚀强度是沙粒的运动速度、粒径及入射角的函数，即：

$$W = f(V_p, d_p, S_a, \alpha) \tag{2-17}$$

式中：W 为磨蚀量，k/kg；V_p 为颗粒速度，cm/s；d_p 为颗粒直径，mm；S_a 为被蚀物稳定度，J/m²；α 为入射角，（°）。

用细沙壤、粉壤和粉黏壤土作磨蚀对象，以同一结构的土壤及石英砂作磨蚀物进行研究，结果表明沙质磨蚀物比土质磨蚀物的磨蚀强度大；磨蚀度随磨蚀物颗粒速度 V_p 按幂函数增加，幂值变化范围为 1.5 ~ 2.3；随着被蚀物稳定度 S_a 增加，磨蚀度 W 非线性减小。当 S_a 从 1J/m² 增加到 14J/m²，W 约减小 10k/kg；入射角 α 为 10° ~ 30° 时，磨蚀度最大；当磨蚀物颗粒平均直径由 0.125mm 增加到 0.715mm 时，磨蚀只有轻微增加。

从物理的角度来看，土壤因风而形成团聚体的侵蚀活动的过程是较复杂的，而更复杂的是沙粒因气流的带动而导致的风沙流这一侵蚀现象。

2. 风的搬运作用

悬移、跃移、蠕移是土壤中沙粒物质随风运动的三种运动形式，而产生这些风力运动的前提条件是瞬间的风速要超过起动风速，并且三种运动形式的变化取决于风速的强弱以及风中所挟颗粒物质体积的大小等。风沙运动主要以跃移运动为主，这区别于泥沙在水流中的运动轨迹。那么为何会出现这种轨迹呢？这是因为风和水的密度有很大差异。通常在常温下水的密度（1g/cm³）要比空气的密度（1.22 × 10⁻³g/cm³）大 800 多倍，因为这个因素导致泥沙在水中无法反弹。沙粒在空中和在水中的跳跃高度是截然不同的，在空中的跳跃高度有几百或几千个粒径，但是在水中却只有几个粒径。所以沙粒在空中运动会获得更大更多的能量，当空中的沙粒接触地面的一瞬间，因为其本身的能量可以带动起地表的沙粒与之一起运动。周而复始，这种作用将会越来越明显。并且，在风中高速运动的沙粒在通过冲击的方式可以推动比它大 6 倍或重 200 多倍的表层粗沙粒（> 0.5mm），这是沙粒跳跃所产生的连锁反应。而蠕动的速度则取决于沙粒在空气中运动的速度。

在特定条件下，风的搬动能力不是很依赖被搬动物质的粒径，反而与风速关系十分密切。在搬运总质量不变的情况下同样的风速可以搬运更多数量的小颗粒以及较少的大颗粒。综合考虑悬移质等物质的搬运比例得出了一个结论，即沙粒在风的运动中的搬运数量与风速无关，而与不同土壤中团聚体及颗粒的大小有直接影响。在团聚良好的土壤上，悬移质很少，而蠕移质较多；在粉沙土和细沙土上悬移搬运相对增多。三种物质的不同搬运比例分别是：悬移质占 3% ~ 38%，跃移质占 55% ~ 72%，蠕移质占 7% ~ 25%。

通过对沙丘沙和土壤的搬运得出风的搬运能力与摩阻流速的三次方成正比，即：

$$Q = f(\frac{\rho}{g}V^3) \tag{2-18}$$

而自然界影响风搬运能力的因素十分复杂，它不仅取决于风力的大小，还受沙粒的粒径、形状、比重、湿润程度、地表状况和空气稳定度等影响。因此，目前多在特定条件下研究输沙量与风速的关系。我国新疆莎车一带近地表 10cm 高度内输沙量与 2m 高度处风速的关系为：

$$Q = 1.47 \times 10^3 V^{3.7} \tag{2-19}$$

式中：Q 为输沙率，g/（cm·min）；V 为风速，m/s。

3. 风的沉积作用

土壤颗粒被风搬运的距离取决于风速大小、土壤颗粒或团聚体的粒径和重量，以及地表状况。

风力沉积作用首先表现为沉降堆积。

当风速减弱，使紊流旋涡的垂直分速小于重力产生的沉速时，在气流中悬浮运行的沙粒就要降落堆积在地表，称为沉降堆积。沙粒沉速随粒径增大而增大（表 2-6、图 2-5）。

表 2-6　沙粒直径与沉速的关系

沙粒直径/mm	沉速/（cm/s）
0.01	2.8
0.02	5.5
0.05	16
0.06	50
0.1	167
0.2	250
2	500

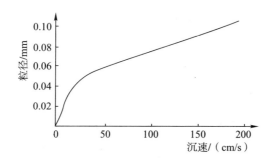

图 2-5　空气中沙粒自由沉降

风力沉积作用其次表现为遇阻堆积。

遇阻堆积是指风沙在运行的过程中遇到阻碍而慢慢使沙粒堆积起来。阻碍物可以降低风沙流的流速，并把部分沙粒卸积下来，也可能全部越过和绕过障碍物继续前进，并形成涡流（图2-6）。

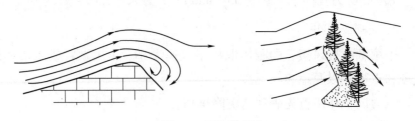

图2-6　遇阻堆积

风沙流遇到山体阻碍时，可以把沙粒带到迎风坡小于20°的山坡上堆积下来，并且风沙流在运行的过程中如果流动方向与山体成锐角时，风沙流有一部分循山势前进，另外一部分则会继续前进，但是在行进的过程中，风速被慢慢降低下来，并且一部分沙粒就会慢慢沉淀下来。而地表的一些植被以及沙丘等物质都是风沙流阻碍的源体。

气流也会影响风沙流的运行轨迹以及沙粒的沉积，当其遇到湿润或者较冷的气流经过时，风速会受到气流的影响，同时一部分沙粒也会沉淀下来。与此同时，若是两股不同的风沙流相遇时，速度以及沉淀的能力也会受到相应的影响。通过研究发现，在那些风沙流发声频率比较高的地区，粒径小于0.05mm的沙粒悬浮在较高的大气层中，遇到冷湿气团时，粉粒和尘土成为雨滴的凝结核随降雨大量沉降，成为气象学上的尘暴或降尘现象。蠕移质因为其搬运距离很近，如果风沙流在运行中沙粒被分解成细小颗粒则也会转化成为悬疑质以及跃移质。而随着时间的推移，跃移质也会慢慢累积成沙垄。

（三）重力侵蚀

山坡斜面上的风化碎屑、土体或岩体因重力的作用而导致的位移、变形以及破坏的这种土壤侵蚀的现象即为重力侵蚀。

边坡上的岩土体，当受到不利因素影响时，岩土体原有平衡遭到破坏，产生向坡下的滚动和滑移。岩石、砂性土破裂面近似一平面，在横断面上为一直线；黏性土破裂面为一圆柱面，断面为一圆弧。

1. 在直线破裂面上的侵蚀作用

（1）坡面块体运动。斜坡表层的岩土体，受多种成因的裂隙分割而成分离体。该岩土体受地心引力而具有重力，重力向坡下的分力——下滑力与坡面产生摩阻力（图2-7）。

图中，重力 $G = mg$，下滑力 $T = G\sin\theta$，摩阻力 $\tau_p = fN = fG\cos\theta$，式中，$f$ 为摩擦系数。当 M 处于静止不动时，τ_p 称静摩阻力，τ_p 与 T 大小相等、方向相反，共同作用于坡面上。

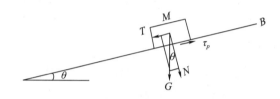

图2-7 块体运动力学图解之一

若坡度不断增大（图2-8），下滑力和摩擦阻力同时增加。而 τ_p 增大是有限度的，当增大到块体与坡面间的最大摩擦阻力 τ_p 时，块体处于极限平衡状态，与此相应的坡角 θ 称为临界坡角，它反映了块体与坡面间摩擦力大小的性质，因此，又将临界坡角称为该块体与坡面间的内摩擦角，常以 φ 表示。

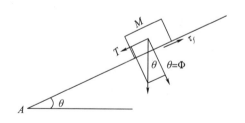

图2-8 块体运动力学图解之一

根据平衡条件 $\tau_f = T$

而 $T = G\sin\theta$ $\tau_f = fG\cos\theta$

所以，
$$f = \tan\theta = \tan\varphi \qquad (2\text{-}20)$$

可见，摩擦系数可用内摩擦角的正切值表示。

这时
$$\tau_f = G\cos\theta\tan\varphi \tag{2-21}$$

若 $T \leqslant \tau_f$

则有
$$G\cos\theta \leqslant G\cos\theta\tan\varphi$$

$$\tan\theta \leqslant \tan\varphi$$

$$\theta \leqslant \varphi \tag{2-22}$$

这就是坡面块体保持稳定状态的必备条件，若 $\theta > \varphi$，则块体必然沿斜坡下移，发生重力侵蚀。

由于内摩擦角 φ 反映了块体沿坡面下滑刚起动时的坡度，因此，通常也称为松散物质的休止角。对于松散的砂和岩屑而言，内摩擦角和休止角是一致的，凡是坡角 θ 小于内摩擦角 φ 时，不论坡度高有多大，坡面总是较稳定的。

内摩擦角 φ 值随坡面物质颗粒粗细、形状、密度和含水的多寡而变化。粗大并呈棱角状而密实的颗粒，休止角大；反之，则小。一般风化碎屑离源地愈远，其颗粒逐渐变小，棱角被磨蚀，圆度增加，摩擦度减小，休止角变缓。因此，愈向坡脚，坡度愈趋缓和。土粒间的孔隙被水充填后会增加润滑性，减少摩擦力，因而休止角也相应变缓。在同一斜坡上，坡顶远离地下水面较干燥，而坡脚接近地下水面较湿润，因此，坡度也有向坡脚变缓的趋势。

对于岩石边坡，岩体被裂隙分割成许多块体，岩块的稳定性受裂隙面的倾向和倾角的控制（图 2-9）。若裂隙面的倾向与边坡的斜向一致，且裂隙面的倾角大，超过其内摩擦角时，块体就会下滑。

（2）直线破裂面的块体运动。若破裂面在其内部，且为一斜面，破坏的岩体向下运动，可用库仑定律表示为

$$K = \frac{抗滑力}{滑动力} = \frac{N\tan\varphi + CL}{T} \tag{2-23}$$

式中：K 为安全系数；C 为破裂面两侧颗粒间黏聚力；L 为破裂面的长度；其他符号意义同前（图 2-10）。

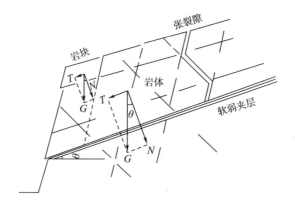

图 2-9 岩石裂隙及软弱夹层与岩体稳定图示

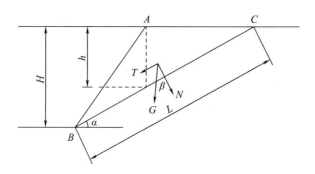

图 2-10 直线破裂面的块体运动受力分析

设被分割体断面为 △ABC，BC 为破裂面，则

$$G = \frac{1}{2}rhl\cos\alpha \left.\right\}$$
$$N = G\cos\alpha$$
$$T = G\sin\alpha$$

（2-24）

将式（2-24）代入式（2-23），整理后得

$$K = \frac{\tan\varphi}{\tan a} + \frac{4C}{rh\sin2\alpha}$$

（2-25）

由式（2-25）可以看出，直线坡块体的稳定性随破裂面倾角 α 和分离体高 h（与坡高有关）的增大而降低，随内摩擦角 φ 和黏聚力 C 增大而增大，与破裂面长 L 和自然坡角大小无关。这就是在自然界存在的大大小小块体在不同破裂面上出现重力侵蚀的原因。

若天然坡角达 90°时（如黄土区的直立坡），此时 $H = h$。若取 $K = 1$，就可求出来在临界状态下的极限坡高 h_v 为

$$h_v = H = \frac{2C}{r \cos^2\alpha(\tan\alpha - \tan\varphi)} \tag{2-26}$$

当坡高超过 h_v，则边坡不稳定，随时都有下移的可能；当坡高小于 h_v 时，才能处于稳定状态。因此，在工程上整治坡面，常采取削坡的措施，以控制坡高。

2. 在圆弧破坏面上的侵蚀作用

在黄土区或一些黏土区，常见到破裂面呈现圆弧状，而且破裂下滑的土体还包括了谷底的一部分。这种破坏现象的受力状况与上述状况稍有不同，除考虑作用力之外，还需要考虑力矩，用稳定程度来表示，即

$$K = \frac{滑动面的抗滑力之和}{滑动面的滑动力之和}$$

$$或\ K = \frac{对圆弧中心的抗滑力矩之和}{对圆弧中心的滑动力矩之和}$$

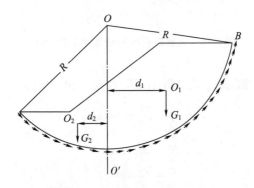

图 2-11　滑坡的力学分析示意图

图 2-11 中破裂面为弧面 AB，O 为弧面圆心，OA、OB 即为弧面半径 R。过圆心 O 作垂线 OO'，将破坏的滑体分为两个部分，OO' 右侧滑体重心为 O_1，重量为 G_1，它是向坡下滑动的土体，其滑动力矩为 $G_1 d_1$（顺时针方向）。OO' 左侧破坏土体重心为 O_2，重量 G_2，具有限制滑动的作用，其抗滑力矩 $G_2 d_2$（逆时针方向）。另外，要发生土体

下滑破坏，还需克服破裂面上的抗滑阻力。设单位面积上的平均抗滑阻力为 τ_f，则 AB 面的抗滑阻力力矩为 $\tau_f ABR$。于是，土坡的稳定系数 K 就有

$$K = \frac{G_2 d_2 + \tau_f ABR}{G_1 \cdot d_1} \tag{2-27}$$

式中：$\tau_f = N\tan\varphi + C$，包括摩擦力和黏聚力。由于 N 在 AB 上各点不一，上式以平均值代替。实际计算时，常用分条法解决。

综上所述，OO' 制止了左侧土地的破坏，从而发现在自然界中，处在山坡坡脚的堆积物对于坡脚起到了一定的强化作用和支撑作用。

二、土壤侵蚀影响因素

众所周知，影响水土流失的因素有很多，其中自然因素包括该地区的气候、地形、地质、土壤以及所覆盖的植被等，这些因素相互影响和作用造成了水土流失的现象，并且由于不同影响因素对于水土流失的作用也大不相同，并且不同因素之间的互相制约和作用也会产生不同情况的水土流失现象，所以这就说明我们在制定一些保护环境、控制水土流失的政策措施时一定要综合考虑各方面的原因。现将主要的几种因素分述如下。

（一）气候因素

不管是何种气候因素对于水土流失都会存在一定的影响，以直接和间接两种类型来概括气候对土壤产生破坏作用的形式。像日常生活中比较常见的降雨等气候现象被称之为直接因素，降雨等对土壤的冲刷等物理作用会对土壤起到直接的破坏作用；同时像日常生活中的温度等气候变化会慢慢影响植被的生长以及发展，这些因素会间接地改变生态环境，从而造成水土流失。下面着重介绍降水和风的直接影响。

（1）降水。降水包括降雨和降雪，是气候因子中与水土流失关系最密切的一个因子。在水土流失中，水分子起到了很大的作用，而且水分子也是造成水土流失的直接因素，在降水中暴雨对土壤的破坏作用是最为强烈的因素，同时在一定程度上也增加了地表水流的冲刷和搬运能力，无形中加剧了水土流失的危害。通过数据表明，特大暴雨

带来的伤害将会达到全年侵蚀量的70%左右，特别是黄土资源丰富的地区，如黄土高原受到一次暴雨的冲刷所达到的侵蚀量将会达到全年的88%左右，足见暴雨对于水土流失的危害。同时不均匀的降水季节分布也是造成水土流失的一个重要原因，全年侵蚀量的60%～90%都是发生在降雨季。

当然降雨量大小对于水土流失的造成也受到连续降雨的影响，如果土壤遭遇连续降雨，并且其中的水分子已经呈饱和状态，那么在没有暴雨的情况下也会发生水土流失的现象。

（2）风。风是构成风力侵蚀以及风沙流的原因和主要因素。风力侵蚀发生的地域环境多种多样，并且发生的范围和频率非常广，并且有些地区风力侵蚀造成的危害比水蚀还要严重。在我国风力侵蚀的面积主要集中在东北、华北、西北等地区的干旱、半干旱地带，最严重的为沿长城两侧。此外在黄河古道、豫东和沿海地区也有发生。在比较干旱、缺乏植被的条件下，地表风速大于4～5m/s时就会发生风蚀，一般来讲，土壤吹失量大体与风速的平方成正比。风速越大，吹失量越大。在我国北方，冬春刮风季节的风速多在5级以上且大风持续时间较长，风蚀给农业生产带来很大危害。

风蚀除了风力和土壤干燥等因素外，还取决于地面的粗糙度和有无植被。地势高处、迎风坡、植被较少的地方，风蚀严重。如果地面上留有茬秆，或者实行沟垄耕作等，就可降低风速，减少风蚀量。据国外科学家研究，在距离地表30cm处，风速变化很大。防治风蚀一般采用免耕、留茬、覆盖及建立防护林带等措施。

（二）地形因素

每个地方的地形条件也是造成水土流失的关键因素之一，并且不同的地面坡度以及坡长等会直接影响水流的走势，从而造成水土流失。

（1）坡度与水土流失关系极为密切，在一定范围内，地面坡度越大，地表径流流速和水土流失量也越大。

（2）坡长是影响径流侵蚀的主要地形因素之一，但其与径流侵蚀的关系也比较复杂。假设无降雨的情况下，坡度长的地形条件会增加水力侵蚀的强度，因为坡长的地形增加了水流的流动时间，从而无形中增加了水流的流速，所以坡面越长，水流所产生的侵蚀现象将会越严重。结合降雨条件分析，有以下三种情况：首先，如果遭遇暴雨或者特大暴雨的情况，坡长与水流侵蚀强度呈正比关系；其次，如果降雨比较平均或者降雨量相对较小的情况下，坡长与水流侵蚀强度呈反比关系；最后如果降雨量非常小，并且持续时间很短的情况下，则对水流侵蚀强度没有太多影响。

（3）坡形是坡度和坡长的综合反映，自然界中的坡形一般分为直形坡、凸形坡、凹形坡和台阶形坡四种。一般来说，直形坡上下坡度一致，下部集中径流量多，流速最大。所以土壤冲刷较上部剧烈。凸形坡上部缓、下部陡而长，土壤冲刷较直形坡下部更强烈。凹形坡上部陡、下部缓，中部土壤侵蚀强烈，下部侵蚀较小，常有堆积发生。台阶形坡在台阶部分水土流失减少，但在台阶边缘上，就容易发生沟蚀。

（三）土壤因素

土壤是被侵蚀的对象，同时也是造成水土流失的一个因素，不同的土壤所表现出的物理成分以及土壤结构等也决定着土壤侵蚀的强度。

土壤侵蚀的强度取决于土壤的透水性，其中如果土壤的透水性比较强，那么意味着很大一部分的水分将会被吸收，则水流对土壤的侵蚀作用将会降到最低。试验表明，透水性能最好的土壤是沙土，沙土中土壤的孔隙度比较大，能够很好地透水。而粘土土壤颗粒细，土粒之间排列紧密，大孔隙很少，比表面积增大，透水力很差，易产生地表径流。

在众多土壤成分中，有一种特别的土壤，其内部蕴含众多团粒结构，这种结构的土壤类型可以充分吸收水分子，其内部也能储存水分子，所以能够达到很好的稀释作用，在其表面不容易形成地表径流。

对于土壤中的有机质含量也是影响水土流失的因素之一，有些土壤中有机质含量非常高，并且结构良好，当其遇到水分子的冲刷时不容易被分解和剥离，从而对水土流失起到保护作用。

数据研究表明，在各种土壤类别中，黄壤因其自身的特点，在受到水流冲刷的时候抗击力最为强劲，而花岗岩红壤土最为弱势，红壤则比较适中。而土壤结构组成是决定其抗冲力的关键因素。举例来讲，沙土的透水性能虽然很强，但是因为其结构组成较为松散，所以在面对水流侵蚀的时候缺乏抗冲力，但是黏土则与之相反，所以沙土较容易受到水土流失，而黏土以及植被丰富的土壤则不容易被侵蚀。

在土壤侵蚀中岩石的特征种类起着关键性的因素，其构成的结构将会直接影响其被风化或者被侵蚀的影响。同时岩石的结构组成也直接影响着山体滑坡等自然灾害的发生，所以说一个地区的侵蚀状况常受到岩性的很大制约。易风化的岩石常常遭到强烈侵蚀，水土流失严重，这主要是因为土壤中石英砂粒过多而失去凝聚力，加之一些岩石受到外界作用力的影响使得岩石很容易分崩离析。同时，这种石英砂粒和酸性的黄泥水流入江河下游的农田里，使高产田变成低产田。四川、湖南、广东等省的紫色页岩，由于岩性软，易风化，往往是风化一层剥一层。此外，岩层的倾斜度对水土流失也有影响。岩石倾斜、土层又薄的山地，容易产生滑坡。

（四）植被因素

植被在一定情况下能够很大的缓解水土流失的破坏力，并且丰富的植被能够很好地阻挡水流以及风力的侵蚀作用。保持丰富的植被覆盖能够降低降雨对土壤造成的伤害，并且能够固结土壤，缓解水土流失带来的伤害。当一个地区的植被量被破坏，将会加重水土流失的发展。植被在水土保持上的功效主要有以下几方面。

（1）植被对降雨的拦截作用主要体现在突出地表表面的植被，这部分植被能够降低水流的流速以及拦截降水，从而减少水流对地面的冲刷作用，有效地保护了地面土壤。植被对于这种保护能力的强弱取决于植被的覆盖率。植被覆盖率较高的地区受到雨水侵蚀的作用力越低，最显而易见的是森林地区，而茂盛的林冠可以有效地阻挡水滴对土壤的冲击力。树冠截留降雨的大小因被覆度、叶面特性及降雨而异。在一般情况下（10~20mm/d 的降雨），降雨量的 15%~40% 首先为树冠所截留，而后又蒸发到大气中去，其余大部分落到林内，被林内的枯枝落叶所吸收；降雨的 5%~10% 从林内蒸发掉；只有约 1% 的降雨量形成地表径流，而 50%~80% 的降雨则渗透到地内变成地下径流。

（2）枯枝落叶在森林和草地中是随处可见的，且有着一定的厚度，而其的存在也为森林土壤添加了天然的保护层，在受到降雨的冲击时，雨水不会直接对土壤产生冲刷伤害，而是经过植被的过滤而慢慢渗透。同时这些植被所掉落的树枝和树叶等增加了土壤的粗糙度，在一定情况下缓解了水流的流速。比如甘肃庆阳子午岭林区中，在稠密的灌丛基部常拦截堆积厚约 30cm 的泥沙层。庆阳县后官寨乡后寨村附近集流槽（浅凹地）中种植几年的苜蓿积淤泥达 60cm 以上，但在缺乏枯枝落叶层无草本植物生长的林地，仍有水土流失发生。因此，保护林下的枯枝落叶层及在水土流失严重地区营造乔、灌、草混交的水土保持林，实为控制水土流失的一个重要措施。

（3）在自然界的森林中，植物根系对土壤有良好的穿插、缠绕、固结作用。随着不同植物根系的不同情况，植物根系和岩石会共同对土壤产生促进作用，在一定情况下能够缓解水流的侵蚀力。

（4）茂盛的植被产生的树枝和树叶是土壤天然的养料，其可以改良土壤的成分以及土壤形状，增加土壤黏性以及透水性，从而达到很好的抗击力。

（5）植被能削弱地表风力，保护土壤，减轻风力侵蚀的危害。一般防风林的防护范围为树高的 15~20 倍。据观测，在此范围内，风速、风力可减低 40%~60%。土壤水分蒸发也可减少，有利于保墒，其土壤含水率也比该范围外的同样土壤高 1%~4%。

（五）人为原因

人为原因主要指引起地表土壤加速破坏和移动的不合理的生产建设活动，以及其他人为活动。引发水土流失的生产建设活动主要有陡坡开荒、不合理的林木采伐、草原过度放牧、开矿、修路、采石等。如在陡坡毁林毁草开荒，一遇暴雨，则极易发生水土流失。大面积的水土流失不仅造成当地土地贫瘠、农业低产，而且使河流下游地区河床抬高，增加防洪难度，还会造成水库淤积，降低蓄洪标准和供水效益等。这些都严重影响了社会经济生活的正常进行。

第三章　水土保持规划和治理措施配置

面对我国水土流失的严重情况，做好水土保持规划确有必要，也刻不容缓，本章主要介绍了水土保持规划的概念、内容与程序、水土保持分区及治理措施总体布局及水土保持综合防治规划等内容。

第一节　水土保持规划概述

一、水土保持规划的概念

我国制定了一系列的法律法规措施来保护水土，为了预防和治理水土流失现象。我国相关法律法规规定：任何政府部门或者个人在进行水土资源的开发使用时，都需经过相关部门的批准；《中华人民共和国水土保持法》规定，县级以上人民政府应当将水土保持规划确定的任务，纳入国民经济和社会发展计划，安排专项资金，组织实施。水土保持规划的修改，须经原批准机关批准，从法律上确立了水土保持规划的地位。

水土保持规划是为了防治水土流失，做好国土整治，合理开发利用并保护水土及生物资源，改善生态环境，促进农、林、牧生产和经济发展，根据土壤侵蚀状况、自然和社会经济条件，应用水土保持原理、生态学原理及经济规律，制定的水土保持综合治理开发的总体部署和实施安排。

根据规划的区域范围大小，可分为大面积总体规划和小面积实施规划两类。

大面积的总体规划指的是大区域大范围的省、地、县级的规划，面积几个到几十个平方千米。大面积的总体规划要求认真贯彻《中华人民共和国水土保持法》《中华人民共和国森林法》等法律法规，全面保持持续推进我国水土保持工作稳定，同时依据区域范围的水土现状的不同特征，以及社会和经济的不同情况，细分出不同的水土综合治理的方式，落实水土流失综合措施，促进经济、社会和谐稳定发展。

小面积实施规划则是指小范围的水土整理规划，主要是指乡、村级这类区域。依据总体规划的要求，同时结合乡村的实际情况，采取定性分析与定量分析相结合的方式，进行水土保护工作。水土保持规划作为我国进行水土流失治理问题的重要工作，对于区域范围的重点治理和区域的划分，对于乡村水土保持工作具有重要的参考意义。小面积实施水土规划对于解决水土流失问题，对于粮食的生产、水资源的保护、生态建设都具有重要作用，同时促进了经济社会可持续发展。

二、水土保持规划的原则

（1）总体规划，全面治理。对于水土问题进行综合整理，实行总体规划，确定水土治理指导思想和原则，实施全面治理，持续推进我国水土保持工作。

（2）因地制宜，科学配置。依据不同的客观环境，制定不同的水土治理措施，不同的类型区域采取相应的水土流失防治对策，采取科学配置制定各项水土保持措施。

（3）用发展的眼光看待问题。水土治理工作作为一项长期工程，必须用发展的眼光来看待问题，既要考虑目前的状况，也要考虑长远的效益，做到综合治理。

（4）实施项目创新的多元化。在水土治理的工作中，实行多元化治理，无论是从治理的措施还是参与的部门，坚持政府指导，社会参与，实行多元化方式。

第二节　水土保持规划的内容与程序

一、内容

《水土保持规划编制规范》（SL335—2014）规定，水土保持规划的内容一般包括：①明确规划编制的基本原则、任务和内容，确定水土保持规划措施；②依据不同的客观环境制定不同的防治措施；③综合整理分析各个资料数据；④制定相关治理程序措施，规范治理目标，确立中心指导思想及原则；⑤进行费用预算审批程序；⑥进行目标规划，确立项目进程时间，拟定项目进度；⑦对经济效益进行分析预估；⑧落实项目实施规划管理。

二、水土保持规划的工作程序

水土保持规划的工作主要包括以下七个阶段。

（1）准备工作。该阶段主要包括：组织规划小组、制订工作计划、制订规划提纲、培训技术人员。除此之外，资料准备是水土保持规划的重要的前期工作内容，主要是根据规划确定相关资料收集整理，例如对于航拍照片、土地现状资料、植被图、土壤图等相关图件；收集相关地区水土流失调查结果，区分水土流失重点预防区和重点治理区；收集相关水利水文、地质土壤、植被等报告和相关文件；对于所有资料文件进行分析整理，未完善的部分进行资料补充。

（2）对水土保持情况进行分析调查。根据水土流失的实际情况，采取定性分析与定量分析相结合的方式，收集分析不同的政治区域范围。分析水土流失现状，区域范围所处的地理位置、地质地貌、自然条件、社会经济情况等；对于收集整理的数据进行处理，植被覆盖率、耕地面积数据、各地域水土保持措施落实情况等数据。调查的内容包括：收集、整理水土流失监测或调查成果相关资料，水土流失分布情况；森林、草地分布范围和面积；泥石流、山体滑坡等地质灾害分布区域；人口分布情况，包括人口数量、人口密度等。自然条件调查分析，包括地形土壤、地质地貌组成部分、温度湿度等自然气候；同时还需调查了解自然资源情况，包括资源分布区域、资源所属类别、资源开发利用情况等；调查分析经济现状，水土治理地区经济发展水平、水土治理带来的经济效益等。在调查整理各类资料后还需进行有关数据分析，从中得出有效数据，更有利于水土治理工作的有效开展。

（3）区域范围划分。在大面积总体规划中，必须有此项内容和程序。根据规划范围内不同地区的自然条件、社会经济情况和水土流失特点，划分若干不同的类型区，各分区分别提出不同的土地利用规划和防治措施布局。

（4）编制土地使用规划。根据水土流失治理区的客观情况，分析自然条件，包括地质构造、耕地面积范围等；了解水土流失情况，水土流失面积范围；情况分析说明，所属区域位置、农业发展水平、经济状况等，根据上述信息编制土地使用规划。

（5）防治措施规划。要根据不同利用土地上不同水土流失的特点，分别采取不同的防治措施。对林地、草地等流失轻微但有潜在危险（坡度在15°以上）的，采取预防为主的保护措施；在大面积规划中对大片林区、草原和在大规模开矿、修路等开发建设项目地区，应分别列为重点防护区与重点监督区，加强预防保护工作，防止产生新的水土流失。对有轻度以上土壤侵蚀的坡耕地、荒地、沟壑和风沙区，分别采取相应的治理措施，控制水土流失，并利用水土资源发展农村经济。小面积规划中各项防治措施，以小流域为单元进行部署，各类土地利用和相应的防治措施，都应落实到地块上，以利于实施。

（6）分析技术经济指标。经济技术指标可以为数据分析提供有效资料，根据数据的分析结果得出经济性。

（7）对于规划结果进行分析整理。主要是对规划报告、附件、图表等。这些数据提供得越详细，越有利于提高分析结果的准确性。规划报告一般包括：①项目基本情况简介，包括项目名称、项目类别、水土流失概况、自然条件、自然资源等；②规划布局：通过前期的调查工作，做好规划布局工作；③技术经济指标；④落实各项规划措施。

第三节　水土保持分区及治理措施总体布局

一、水土保持分区

（一）重点防护区

对大面积的森林、草原和连片已治理的成果，列为重点预防保护区，制定、实施防止破坏林草植被的规划和管护措施。

根据面积的大小，目前的重点防护区分为三级，县级行政区域内超过一万亩的草场面积和天然林区，集中治理的面积超过 $10km^2$ 称为县级，不在同一县市，而且草场面积和天然林区面积超过 $100km^2$ 的是省级，不在同一省份或者同一自治区，草场面积和森林面积超过 $1000km^2$ 的称为国家级。

对于重点防护区的面积和所需要防护的内容应进行实地勘察，从而得出准确的数据，对保护区内的树木种类与大体数量、森林以及草原的覆盖率等参数，都要进行详细的统计与分析，并记录在册。

（二）重点监督区

像煤炭、矿石开采等资源开发，道路、机场等基本建设有可能需要破坏森林、植被和地形地貌，而使水土流失现象非常严重，这些地区则被列为重点监控区，同时要编制有效防止水土流失的《水土保持方案》，贯彻执行"三同时"制度，用来督促《水土保持方案》的执行，并对执行的效果进行检验。

重点监督区分为国家、省、县三级。三个级别有一个共同的条件就是破坏地表与植被面积超过区内总面积的 1/10。国家级、省级和县级重点监督区的条件分别是：不在同一省份或者直辖市的资源开发活动造成地表和植被破坏集中连片面积大于 $10000km^2$ 为国家级；不在同一市或县的资源开发活动造成地表和植被破坏集中连片面积大于 $1000km^2$ 为省级；同一市或县的资源开发活动造成地表和植被破坏集中连片面积大于 $100km^2$ 为县级。某些单独的资源开发区域，如果废弃物堆放量超过 10 万 t/年，也要纳入重点监督区。

重点监督区应对资源开发、基本建设处数和规模、可能增加水土流失量进行详细普查，填表登记。

（三）重点治理区

对水土流失严重、对国民经济与河流生态环境、水资源利用有较大影响的地区列为重点治理区。

对规划区既定的防护区、监督区和治理区（三区）的基本情况分别加以叙述并突出各自的特点。防护区重点叙述的内容是大面积的森林、草原植被和综合治理的成果。森林、草原植被着重叙述植被的分布、组成、覆盖等状况，综合治理的成果应叙述各项治理措施的面积、质量、竣工年限以及投入状况等。重点监督区应叙述区内预防监督的内容，资源开发、基本建设处数和规模以及可能增加水土流失量等，对超过一定规模的开发建设项目应单独调查。重点治理区应叙述重点治理的范围、区内的水土流失类型、强度和分布等。

二、水土保持治理措施总体布局

（一）水土保持治理措施总体布局概念

水土保持治理措施应根据规划单元范围内的生产发展方向和土地利用规划具体确定治理措施的种类和数量、平面布局、建设规模和进度。以大流域、支流、省、地、县为单元进行的区域性水土保持规划，除进行面上宏观的调查研究外，还必须在每个类型区选取若干条有代表性的小流域进行典型规划，点面结合，最后编制各种类型区及整个规划单元的规划。以小流域为单元进行的规划，则应以乡、村等为单元提出治理措施的种类、数量、平面布置、建设规模和治理进度。

综合治理措施配置即在土地利用规划基础上（土地利用规划时也要兼顾各种措施实施的可能性和数量及布局），根据各地类的自然条件、水土流失状况、土地利用现状，配置相应的水土保持措施，并应根据各地类的土壤侵蚀危害大小，治理的难易及工作量大小，受益快慢，治理措施间相互关系，及人力物力财力投入，初步安排水土保持的林草措施、工程措施、蓄水保土耕作措施，并综合平衡考虑其实施顺序、进度等。

（二）水土保持治理措施总体布局原则和方法

（1）规划区域内的水土流失的类型是不同的，而这些不同类型的土地都已经应用结构调整的方式规定了每个行业使用土地的比例，根据这些比例以在对土地结构作出改变时所顾及的因素和防止水土流失所采取的应对办法为参照，一对一地确定相对应的治理办法，而且要根据每种水土流失的特点将其治理的特点凸显出来。

（2）根据土地类型的不同来制定不同的适应其特点的治理措施，这是制定、实施治理措施所必须坚持的最基本的原则。例如，在适合耕种的坡地上可以建造梯田和采取保护土壤的措施，在适合发展林木和放牧的坡地上可以采用植草植树的措施，还可以根据实际情况的需要，在以上的治理措施中加入水塘、水沟等，以将水土流失的可能性减至最小，使防止水土流失的措施发挥最大的功效；同时对于开辟的沟渠等，也要制定对应的保护与治理措施，实现坡地和沟渠的治理、草木和工程的综合治理。

（3）综合治理的过程中，应该以大型的河流作为分界线，以县为单位，将不同类型水土流失的区域划分成一个个相应的小的片区，贯彻实施相应的防止水土流失的措施。

第四节　水土保持综合防治规划

根据水土流失的强度和开发利用效益的高低来对水土保持区的治理进行排序，对于严重影响生态环境和经济发展的，同时又处于大型河流上中游的地区，还有一些如革命老区、少数民族自治地区、陆地边境地区和欠发达地区，以及被列为水土流失的重点治理区可以优先进行水土保持综合防治。

一、治理措施规划

每项措施中与其他措施不同的地方有哪些、有什么特点，治理的结果需要达到什么样的标准，具体实施过程中有什么要求，都应该在治理措施规划中详细的阐述。水土流失治理措施主要包括工程、植物与保土耕作三大措施。如果再细分的话，则可以分为七大类：①水保林；②坡改梯；③经济果木；④封禁治理；⑤种草；⑥坡面水系；⑦沟道治理工程。下面主要介绍三大措施。

（一）工程措施

（1）坡改梯工程。坡改梯包括土坎梯田、石坎梯田和土石混合坎梯田。改造坡耕地，建设基本农田是拦蓄径流，控制水土流失，保证农业增产的最有效措施，同时也是实现土地合理利用，促进农、林、牧各业协调发展的重要基础条件。

（2）坡面小型水保工程。坡面小型水保工程主要指排水沟、截水沟、引水槽、蓄水池、沉沙池设施，在进行坡改梯的同时，配备相应的小型水保设施，贯彻整个山坡，不仅可以使山坡地区的灌溉条件大大改善，提高粮食、蔬菜、林草等种植物的产量，在生态保护方面，也是保护坡体主要部分，防治水土流失的需要。

（3）沟道工程。包括沟头防护、拦沙坝、谷坊坝等，主要用来拦蓄水流中的固体物质，抬高侵蚀基点，减缓沟道水流等。有条件的地方修建蓄水塘、坝，用以灌溉农田。沟道工程应根据"坡沟兼治"的原则在搞好集水区水土保持规划的基础上，落实从沟头到沟口，从支沟到干沟的治理工程；分别提出沟头防护、谷坊、淤地坝、治沟骨干工程、小水库（塘坝）工程和崩岗治理等沟道工程规划。

坡面小型水保工程与沟道工程在实施中要根据沟道地质地貌与水资源条件，按照工程目的进行设计，规划阶段只根据类型区典型小流域设计的定额合理确定各类工程的数量。

（二）植物措施

造林种草是开展水土流失综合治理的关键措施之一，也是控制水土流失，改善生态环境，解决"三料"不足，促进农、林、牧、渔各业协调发展，提高土地生产力，体现因地制宜原则的重要途径。根据实际的地形地质、气候等实际情况，同时结合市场需求，尽可能地在荒地和一些退耕的坡地上种植防护林、经济林、用材林，还有种植草皮，实行草皮、灌木、乔木结合种植，组成一个多层的、严密的防护系统。而对于一些植被生长不太茂盛的区域，则可以对它们进行封禁，育草育林，使植被迅速生长。在风沙地区，固沙是非常重要的，草方格、防风固沙林、沙障配合其他工程建筑，对预防风沙有非常良好的效果。

（1）经济果林。在各方面条件适宜的地方，可以根据市场需求大力发展水果产业与林木产业，充分利用山区的各种优势，实现民众创收和控制水土流失的双赢。

（2）水土保持林。水土保持林可以让人们所处的生态环境更好，还可以为群众输出日常所需的木材和燃料。在树木种类的配置上，为充分利用阳光、水分和土地等资源，建议乔灌草混种。整理建林用地，可采取撩壕、水平阶、鱼鳞坑、竹节沟等方式。

（3）种草。种草的好处有：①增加地面的植被覆盖率；②防止泥土被雨水冲刷带走；③增加水分渗进土壤的量；④使地表的水流速度减慢；⑤为造纸业提供优质的原材料；⑥为畜牧业提供优质的牧草；⑦为农业提供有机肥料，不但有效地防止了水土的流失，还使得畜牧业的商业价值和经济效益同步增长。

（4）封禁治理。封禁植被稀疏、弱小的林区和草区，禁止无关人员进入，以便相关部门进行综合治理。封禁是快速恢复植被、使植被免受破坏、防治水土流失的一项非常简单但效果非常显著的方法。

（三）保土耕作措施

在坡度不大的坡耕地中，采取一套耕犁整地、培肥改土、栽种等高植物、轮作间种和自然免耕等保土耕作措施，既能通过耕作逐渐减缓坡度，又可充分利用光、热和作物种植时间、空间，达到拦沙、蓄水、保土、保肥、增加农作物产量的目的。保土耕作措施是在坡耕地尚未全部控制水土流失之前，通过实施多种农业耕作措施达到治理水土流失的目的。

二、预防监督与监测规划

（一）预防保护规划

1. 预防保护的原则

预防保护的原则：遵照预防保护的条件（前面已做说明），结合保护对象的特性，实施的必要程度，预估水土流失的强度后，制定预防保护规划，划分范围等。规划前对预防保护区作细致充分的调查，对预防保护措施在防治水土流失方面所应达到的既定目标和所采取的具体治理办法，都应做详细的阐述。

2. 预防保护规划的内容

（1）预防保护区所处的具体地址位置，面积大小，数量是多少。

（2）预防保护区的基本情况，如人口的组成与数量，植被的种类及比例，林草和森林的覆盖率，目前水土流失的状况，预防保护措施执行的后期所预计达到的目标。

（3）落实相关的措施，如建立相关的管理机构，确定相关的管理执行人员，相关公告的发布等政策方面的措施，还有封禁管理、监测数据、监督实施过程等技术性方面的措施，以确保顺利实现预防保护的目标。

（二）监督管理规划

1. 监督管理规划的原则

细致全面地调查规划区，遵照重点监督区的划分条件（前面有说明），将重点监督区划分出来，进行全面的规划，对一些人为因素引起的对防治水土流失不利的行为和某些与防治水土流失冲突的开发建设项目活动进行细致而充分的阐述，以确保顺利实现避免人的活动造成水土流失的目标。

2. 监督管理规划的内容

（1）监督保护区所处的具体地址位置，面积大小，数量是多少。

（2）重点监督区的基本情况，如人口的组成与数量，土壤被破坏的程度及范围，目前水土流失的强度、范围和水土保持的成果，对防治水土流失不利的工程项目和人为活动的数量，人的活动造成水土流失所带来的不利影响等，对规划执行到后期所应达到的预期效果也应该做详细的阐述。

（3）落实相关的措施，如建立相关的管理机构，确定相关的管理执行人员，相关公告的发布等政策方面的措施，还有如何编制水土保持的方案，如何报批如何测量、监测数据等技术性方面的措施，以确保顺利实现监督管理的目标。

（三）水土保持监测网络规划

水土流失监测是指通过对影响水土流失因素的各种数据的测定，确定水土流失的程度和变化趋势，只有在此基础上，才能有效地开展水土流失预防、监督和治理工作，为各级政府机关制定相关政策时提供真实有力的依据。因此，根据《中华人民共和国水土保持法》和实施条例的要求，设立各级水土保持监测机构。在目前各地监测网络建设还不太完善的情况下，应对水土保持监测网络进行专门规划。规划内容应包括以下几个方面：

（1）监测站网名称、布设、数量及分期建设进度。

（2）对监测网络的日常运转、日常的保养与维修、日常管理方面的规章制度、各工作的具体负责人做详细的说明，为保证做到对水土流失信息的实时监测，要求县级、省级（自治区、直辖市）、国家级均必须定期发布水土流失监测信息公告，其中县级为一年一次，省级为三年一次，国家为五年一次。

（3）观测水土流失因子和测定水土流失量的方法及结果、水土流失将会引发的祸患和观测工作主要关注的点等都需要加以说明。

三、土地利用结构调整

土地利用规划的主要职责就是按照国家对经济和社会发展所作出的安排以及在防止水土流失的整体计划，综合考虑范围内生态系统和实际的国民经济的情况，探索出一套土地利用优化系统，寻求符合区域特点和土地资源利用效益最大化要求的土地利用优化体系。

土地利用结构决定了土地利用的所有的功能，所以说，在土地利用中，其结构是整个系统的核心。调整土地利用的结构既要符合社会经济发展的需要，又要与具体的生态和经济的环境相匹配，以区域如何发展的理论体系为指导，根据各地的实际情况制定对策，并以此为依据和基础来对土地利用进行空间上的布局。对于土地利用结构来说，其实质是国民经济各部门用地面积的百分比关系。而在有限的资源条件下，探寻最优的用地比例是土地利用规划的核心内容。

（一）调整原则

（1）在现有的土地利用规划的基础上，对照水土保持防治的要求，如果存在不足的地方，则对其进行完善，同时更新水土保持规划。

（2）对区域内的土地进行评估，根据此评估来给农村各业分配土地。

（3）以区域内制定的国民经济方案为指导，以市场经济的方向作为引导方向，对农村的生产发展和经济进行调查分析，然后确定其发展方向。

（4）针对不同的水土流失类型应分别进行土地利用结构的调整。

（二）各业用地规划

各业用地规划确定农、林、牧、副各业用地和其他用地的面积、比例，对原来利用不合理的土地有计划地进行调整，使之既符合发展生产的需要，又符合保水保土的要求。根据划分的水土流失类型区，分区确定农村各业用地的比例。

1. 农业用地规划

对现有农业用地，作为水土保持规划，原则上要将25°以下的坡耕地改造为梯坪地，以提高粮食产量，促进陡坡耕地退耕还林、还草，同时，现有梯地中的一部分可改造为梯田，大幅度提高粮食产量；如果某些地区耕地的人均占有面积较大，足够满足本地区的人口需要，则可考虑只改造部分的坡耕地（坡度小于25°）用于种植粮食作物，保持较高的林草树木的覆盖率，将坡度大于25°耕地改造成林地和草地；还有极少数的地区人口较多，但是地形条件极差，要将大于25°的陡坡耕地改造为草地和林地非常困难，为了对这部分地区进行的陡坡耕地进行退耕处理，可以采用搬迁至耕地情况良好的地区或给予一定经济补偿的方式。农地需要的数量，按以下步骤进行：

（1）研究确定单位面积粮食与其他农作物产量。应考虑在规划实施期内由于基本农田（梯田、水田等）数量的增加、保土耕作措施和其他农业增产技术的采用，到规划期末粮食与其他农作物单产的提高。

（2）确定农村人口的变化量，主要是指人口的出生与死亡、迁入与迁出的数量。按以下的公式来进行人口预测，

$$B = A(1 + X)^n + G - D$$

式中：B 为规划期末人口；A 为基期人口；X 为人口自然增长率（‰）；n 为规划期限（年）；G 为规划期迁入人口；D 为规划期迁出人口。

（3）确定规划期末需要的基本农田面积（F），计算方法为

$$F = f_1 + f_2 = V_1/q_1 + V_2/q_2$$

式中：F 为规划期末需要的基本农田面积，hm^2；f_1 为满足粮食生产的面积，hm^2；f_2 为满足其他农作物生产的面积，hm^2；V_1 为需要粮食总量，等；V_2 为需要的其他农作物产量，kg；q_1 为单位面积粮食产量，kg/hm^2；q_2 为单位面积其他农作物产量，kg/hm^2。

根据规划期末为满足粮食与其他农作物的基本需求确定的基本农田面积，计算基本农田占总面积的比例。

（4）计算规划期末基本农田的比例。参考各类型区已有的农业部门土地利用规划确定的基本农田比例，或小流域典型设计确定的基本农田比例，根据粮食及农作物需求分析确定的比例，综合分析，确定水土流失类型区基本农田的规划比例与面积。

2. 林业用地面积

水土保持林业用地，包括人工种植水土保持林、经果林、薪炭林，以及进行封禁治理的天然林，规划中各有不同的要求。水土保持林业用地，主要布设在水土流失比较严重的荒山荒坡、沟坡或沟底等在土地资源评价中等级较低的土地。各水土流失类型区流失程度均不相同，土地利用现状也相差悬殊，规划应因地制宜的安排各林业用地面积。经果林是十分重要的水土保持开发措施之一。经果林的规划主要应根据市场的需求量，选择适合当地条件的优良品种，在立地条件较好的坡耕地与荒山荒坡上发展。经果林用地的比例应根据现状与市场的发展作出合理的安排，可参照农业部门的经果林规划或小流域典型设计确定的比例。

除经果林用地之外，适宜营造水土保持林、薪炭林或采取封禁治

理措施的水土流失地均可规划为林业用地。封禁治理是对现有疏幼林草通过有效的管护、抚育与补植迅速恢复与保护植被的一项措施，并不改变原有植被类型。水土保持林与薪炭林的用地比例，除考虑需求现状外，应根据小流域典型设计作出合理安排。

根据农村各业用地分析中确定的各业用地的需求与比例要求，对土地利用结构进行调整，凡现有土地级别不能满足需求的，需通过水土保持措施进行改造。土地利用结构调整时，其调整配置顺序如下：

（1）确定居民点、城镇、工矿、交通、基本建设发展可能占用的土地面积和类型，根据目前水土流失速度可能增加的难利用地面积与类型。

（2）满足上级指定完成的产品对土地利用的需求。

（3）保证自给的项目优先安排。

（4）强度以上水土流失的土地如何利用要以水土保持规划部门的方案为主，并按照一定的措施要求，对土地加以改造与保护，以不加剧水土流失为目的。

（5）经济效益高的优先配置。

（6）同一利用方式中，适宜性的配置顺序依次为：最适宜、比较适宜与经水土保持治理后适宜，直到土地利用现状各类用地调整到合理为止。

按照上述配置顺序，以区域整体经济效益、水土保持效益和生态效益最优为条件，制定土地利用结构调整规划。

第四章　水土保持工程措施探究

水土保持工程是一项为了合理保护并改进现有水土资源的利用，预防水土流失，改善生态环境所采取的系统性工程项目。水土保持工程的主要目的就是使农业生产条件变得更好，同时建立起良好的生态自然环境，主要通过一系列步骤来使局部地形发生变化，拦截地表河流，增加土地的含水量，预防土地的过度侵蚀。

第一节　流域坡面治理工程措施

我国山区、丘陵区面积约占全国国土面积的 2/3，坡面面积较大，其中不少为坡耕地，水土流失严重。坡面既是山区、丘陵区农林牧业生产集中之地，又是沟道泥沙和径流的起源地，因此加强坡面治理具有重要意义。坡面治理在控制水土流失的同时，还可改善生产用地的水土条件，促进农林牧业发展，并可为沟道治理奠定基础。

坡面治理工程一般通过构筑梯田、修建拦水沟、蓄水池、打旱井等蓄水措施。其主要作用在于使坡耕地变为梯田，提高作物产量；改变小地形就地蓄水拦沙，减少坡面径流，增加坡面生产用地土壤水分；将未能就地拦蓄的径流引入小型蓄水工程，充分利用水资源；减少坡面侵蚀泥沙汇入沟道，降低泥沙对下游的危害。

一、坡面治理工程措施的类型及其适用条件

（一）梯田

梯田是在坡地上沿等高线修筑的水平台阶式或坡式断面的田地，是山区、丘陵区常见的一种基本农田，由于地块顺坡按等高线排列呈阶梯状而得名。

梯田的修筑不但历史悠久，而且数量大，分布广。我国是世界上最早修筑梯田的国家之一，距今约有 3000 多年，目前我国有水平梯田约 2670 万 hm²。除我国外，世界上其他国家，如奥地利、澳大利亚、意大利、法国、加拿大、美国、日本等，都有不同类型数量较大的梯田，以亚洲最多。

梯田是坡面上基本的水土保持工程措施，对减少坡面径流和土壤侵蚀、增加田面降水蓄渗、改良土壤、增加产量、改善农业生产条件和生态环境等具有很大作用。

根据陕西省水土保持局的实测资料，坡地修成水平梯田和水平埝地后，可拦蓄 70% ~ 95% 的径流，90% ~ 100% 的侵蚀泥沙。修筑标准高、质量好的梯田可以拦蓄全部流失土壤，且年年发挥作用，效益非常显著。坡地改为 3° 以下的缓坡地或水平梯田，一次可以拦蓄降水 70 ~ 100mm。

内蒙古喀喇沁旗小牛群乡狮子沟试验站的多年观测表明，梯田年平均拦截天然降水 3525m³/hm²，比坡地多拦蓄近 100mm 的降水。

此外，修建梯田对提高土壤肥力也具有明显的效果。研究表明，在四川盆地中部丘陵区，土壤有机质含量，坡地仅为 0.69%，梯田则为 1.70%，比坡地高 146.4%；土壤全氮含量，坡地仅为 0.06%，梯田为 0.11%，比坡地高 83.3%。

1. 梯田的作用

（1）减缓坡面坡度，缩短坡长，拦截径流和泥沙。梯田一般可以拦截径流 70% 以上，泥沙 90% 以上。

（2）增加水分入渗，提高土壤含水量，蓄水保墒，保肥，提高地力，增加粮食产量。据测定，梯田土壤含水量比坡耕地高 1.3% ~ 3.3%，增产 30% 以上。

（3）有利于实现机械化和水利化。梯田田面平整，随着山、水、田、林、路综合规划的实施，使机耕和灌溉更为方便。

梯田的种类较多，可根据断面形式、建筑材料、土地利用方向、施工方法等进行分类。

2. 梯田的分类

（1）按断面形式分类。梯田按修筑的断面形式可分为水平梯田、坡式梯田、反坡梯田、隔坡梯田和波浪式梯田等类型。

1）水平梯田。水平梯田的田面呈水平状，田坎均整，采用半填半挖方式修筑而成（如图4-1所示）。由于其耕作方便，蓄水保土能力强，是应用最为广泛的一种梯田类型，适于种植小麦、水稻、旱作物和果树等。

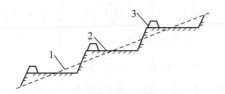

图4-1　水平梯田断面示意图

1. 原地面；2. 田面；3. 地埂

2）坡式梯田。坡式梯田是顺坡每隔一定间距沿等高线修筑地埂，依靠逐年耕翻、径流冲淤并加高地埂，使田面坡度逐年变缓，最终变成水平梯田的一种过渡形式的梯田（如图4-2所示）。坡式梯田蓄水保土能力较差，但修筑省工，适宜于坡度较缓、水土流失较轻、劳力较少的地区。

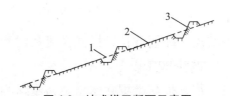

图4-2　坡式梯田断面示意图

1. 原地面；2. 田面；3. 地埂

3）反坡梯田。断面与水平梯田相似，但田面微向内侧倾斜，倾斜反坡一般为2°（图4-3）。反坡梯田能增加田面蓄水量，暴雨时，过多的径流可由梯田内侧安全排走，不致冲毁田坎。反坡梯田多为窄带梯田，适宜种植果木及旱作作物。干旱地区造林的反坡梯田，一般宽1～2m，反坡坡度为10°～15°。

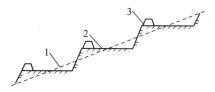

图4-3　反坡梯田断面示意图

1. 原地面；2. 田面，反坡角度一般不超过2°；3. 地埂

4）隔坡梯田。隔坡梯田是指相邻两水平阶台之间隔一斜坡段的梯田，从斜坡段流失的水土可被截留于水平阶台，有利于农作物生长；斜坡段可种草、栽植经济林或林粮间作（如图4-4所示）。隔坡梯田适用于地多人少、坡度较陡、降水较少的地区。隔坡梯田也可作为水平梯田的过渡形式。

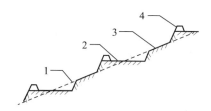

图4-4　隔坡梯田断面示意图

1. 原地面；2. 田面；3. 所隔坡面；4. 地埂

5）波浪式梯田。波浪式梯田又被叫作软埝或者宽埝。通常是在坡度小于7°的坡地上，以一定的距离为间隔沿着等高线的方向来设置截水沟和软埝，两埝的坡面与原坡面保持不变（如图4-5所示）。在修建软埝时，有水平软埝和倾斜软埝两种。前者比较适合气候干旱地区，因为其能拦截更多的水流，后者更适合气候较湿润的地区，由于其同时修建拦水沟，能排出多余的水流，保持适度水分。在软埝的坡上可以种植农作物，软埝与软埝之间的距离也相对比较宽，单块梯田面积大，这一点有利于机械化操作。这种梯田在美国、澳大利亚等国家修筑较多。

图4-5　波浪式梯田断面示意图

1. 截水沟；2. 软埝；3. 田面；4. 原地面

（2）按建筑材料分类。梯田以建筑材料为依据，可分为土质坎梯田、石质坎梯田、植物坎梯田。三种梯田分布在不同的地区，根据当地的气候条件和地质条件来定。在黄土高原等土壤深厚的地区，黄土量大，取用方便，适合构筑土质坎的梯田。在石质地质条件优越的地区，石料丰富，适宜修建石质坎的梯田，且石质梯田由于材料因素较经久耐用。在植被丰富的丘陵地区地势较为低缓的地带，可采用灌木、牧草为田坎的植物坎梯田。

（3）按土地利用方向分类。按照土地用途来分，梯田可分为农用梯田、果园梯田、造林梯田和牧草梯田等，以农用梯田和果园梯田最为普遍。还可依灌溉与否，分为旱作梯田和灌溉梯田等，有水源条件之地，尽可能配套建设灌溉梯田。

（4）按施工方法分类。梯田按施工方法，可分为人工梯田和机修梯田。对于面积较小、田面较窄的土坎梯田或石坎梯田，一般采用人工修筑；而在坡度平缓、田面设计较宽、劳力较少的土质山区，大面积修筑水平梯田，宜采用机修的方法，可节约劳力，提高修筑质量，加快实现山区梯田化。

（二）地埂、截水沟

（1）地埂。为了拦截坡面地表径流，截短坡长，控制坡面土壤侵蚀，抗旱保墒，在坡面上可修筑连续式或断续式地埂，达到蓄水拦沙，提高土地生产力的目的。地埂的蓄水容积较小，工程量也较小，可结合农事修筑。

（2）截水沟①。为将坡耕地、林地、草地及其他非生产用地的地表径流引入坡面蓄水工程或安全排泄至沟道中，应在坡面修建山坡截水沟。山坡截水沟在坡面上的布置，应保证两条截水沟之间的径流流速小于土壤临界冲刷流速。

（三）水簸箕、截水坑

（1）水簸箕。水簸箕是建立在农田径流汇集槽中的一种蓄水保土工程，是横截集流槽的小土埂，由于土埂中间高两边低，其承纳径流的形状似簸箕，故称为水簸箕。水簸箕拦蓄径流体积小，易淤满失效。

（2）截水坑。截水坑是在干旱地区，为有效利用天然降水，在低洼地带或者坡面下方修筑的微型集水保水工程。根据地形条件，截水坑可设置成圆形、半圆形、V字形、U字形、E字形等形状。一般单个截水坑面积较小，截水坑内可种植农作物、果树等。截水坑多修建于破碎坡面。

（四）蓄水池、水窖

（1）蓄水池。蓄水池又称为涝池，一般布设于村庄产流集中的地方，如场边、沟头及坡面低洼处。经常采用砖、块石砌筑或就地挖深修建，多不作防渗处理。涝池的主要作用是拦蓄径流，保持水土，制止沟头前进；同时，蓄水供农业灌溉和牲畜饮用。涝池主要分布于我国南方山地和黄土高原沟壑区。

（2）水窖。水窖一般是在干旱且地下水缺乏地区，为解决人畜用水及节水灌溉用水而修筑的储水建筑物，建在地面之下的水窖，亦称为旱井。在水土流失严重的山区和丘陵区，水窖也广泛分布于坡面上，以蓄积坡面径流，减轻坡面土壤侵蚀，并为坡面农林牧业发展提供灌溉水源，是坡面蓄水工程及灌溉工程的重要组成部分。

受自然和经济条件的限制，我国中西部干旱山区很难修建大型骨干水源工程，干旱缺水长期制约着农业和社会经济的发展。水窖作为微型蓄水设施，在我国具有悠久的历史，也积累了丰富的经验。水窖

---

① 截水沟（intercepting ditch），又称天沟，指的是为拦截山坡上流向路基的水，在路堑坡顶以外设置的水沟。

施工方便，造价低廉，便于使用，因此目前仍是一种广泛应用的雨水集蓄利用工程。

水窖根据其结构不同，可分为井窖和窑窖。根据建筑材料的不同，又可分为黏土水窖、浆砌石水窖、混凝土水窖等。

混凝土水窖结构一般为井式，形状有瓶形或球形（图4-6）。根据施工特点，混凝土水窖可分为现浇修筑和预制件装配修筑两种。目前，混凝土水窖在人畜饮水及灌溉工程中应用广泛。

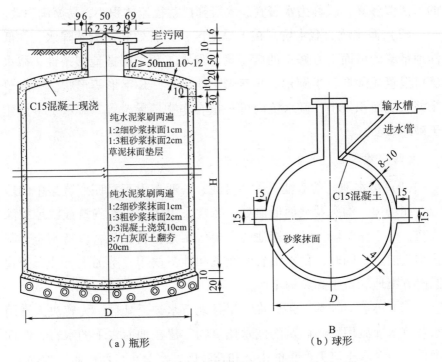

图4-6　混凝土水窖断面示意图（cm）

（五）水平阶、水平沟、鱼鳞坑

水平阶、水平沟、鱼鳞坑等工程措施，既是坡面防护措施，又是造林整地工程；既有拦蓄坡面径流、固持土体、防治坡面水土流失的作用，又能改善造林地土壤水分、养分及光照等立地条件。

水平阶是沿等高线将坡面修筑成狭窄的台阶状台面。阶面水平或稍向内有3°~5°的反坡，宽度因地形而异，石质山地较窄，一般为 0.5 ~ 0.6m，土石山地及黄土地区较宽，可达 1.5m，阶长视地形而定，阶外缘可培修（或不修）20cm 高土埂。上下两阶的水平距离，根据造林行距和水平阶间斜坡径流能全部或大部分容纳入渗确定。水平阶设计规格应因地制宜。

水平阶适用于坡面较为完整、土层较厚的缓坡和中等坡。

水平沟是沿等高线布设的一种坡面防护及整地措施，沟的断面呈梯形，由半挖半填的方式修筑而成，沟内侧挖出的生土用于外侧作埂，树苗栽植于沟埂内侧。沟间距和沟埂的具体尺寸，一般根据坡面暴雨径流和造林行距确定。通常情况下，水平沟底宽 0.5 ~ 0.7m，沟深 0.5 ~ 0.7m，边坡 1:1（图 4-7）。

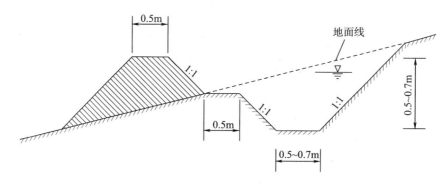

图 4-7　水平沟示意图

水平沟容积大，能够拦蓄较多的地表径流，沟内水分条件较好；水平沟较深，沟壁有一定的遮阴作用，沟内温度较低，可减少土壤水分蒸发。因此，水平沟改善立地条件的作用较大。但水平沟整地动土量较大，较为费工。水平沟适用于水土流失严重的黄土地区和较陡的坡面。

鱼鳞坑为近似于半月形的坑穴，一般长径 l 为 0.8 ~ 1.5m，短径 R 为 0.5 ~ 0.8m，坑深为 0.3 ~ 0.5m，坑内取土在下沿筑成弧状土埂（中部较高，两端较低），埂高为 0.2 ~ 0.3m。鱼鳞坑在坡面沿等高线布置，上下两行坑口呈"品"字形排列。鱼鳞坑的行距 n 和穴距 m，可根据坡面径流量和造林设计的株行距确定。苗木栽植于坑内距下沿 0.2 ~ 0.3m 位置，坑的两端各开挖宽、深均为 0.2 ~ 0.3m、倒"八"

字形的截水沟（图4-8）。

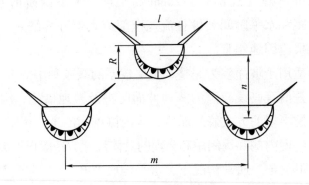

图 4-8　鱼鳞坑示意图

鱼鳞坑具有一定保持水土的效能，适宜于地形破碎的沟坡或较陡的坡面。

（六）山边沟

山边沟即坡面上的浅三角形沟，一般间隔一定距离，且沿等高线方向布置。山边沟的作用是分阶段拦截水流，以防止水流的面蚀和沟蚀作用，从而达到保护土地的目的。山边沟由于其浅宽的断面的原因，可以为梯田的机械化农业提供基础，在一定程度上还可以减少劳动资本投入。山边沟的生态及生产效益都有很大的优势，在山边沟上种植农作物等，可以提升土壤保留水土的能力，同时还极具经济效益和环境效益。

山边沟由欧洲移民带到美洲，19世纪中叶已盛行于美国南部各州，但由于占地及不便耕作，后演变成宽垄梯田。一般除果园外，当地面坡度超过8°左右时即不宜应用，因为培土筑埂使坡度急剧增大，不便机械耕作。在国外应用山边沟保持水土的地区，除欧美一些国家外，尚有波多黎各、斯里兰卡等地。目前，我国也广泛使用，台湾在1969年就发展到2.4万 hm²，其数量仅次于水平梯田，而且发展势头不减，成为台湾地区数量最多的坡面治理工程措施。

二、坡面治理工程措施设计

（一）水平梯田

梯田设计是在合适的地形下，依据当地的具体实际来确定适合构筑哪种梯田。具体可以根据是否适合农业机械化操作、梯田结构是否稳定、修建是否方便快捷等，并以此来计算梯田的各项具体数值，施工情况和材料情况等。

1. 田块布设分析

在陡坡区，田块布设大致沿等高线，在弯度较大的地方顺着地势布置，在弯度较小的地势直接取直，以此来把梯田田块的长度控制在 100～200m，以便于进行各类农业作业。在梯田中，有大量湍急水流的地方，要修筑排水设施；有水流流经梯田的区域要修筑水沟等工程，以保证蓄水和排水，确保梯田的正常运作。

在坡度较小的地区，梯田的田块是以梯田的田坎来划分的，并把田面长度控制在 200～400m。在小部分波浪状地形区，梯田的修筑应该顺应地势的发展以扇形的形状来区分，田埂也应该稍呈弧状。

2. 梯田的断面因素和关联关系

（1）梯田的断面因素和水平梯田的断面因素（图4-9）。

（2）各要素之间的关系若土坎水平梯田的田面净宽为 B，田坎高度为 H，原坡面坡度为 θ，田坎坡度为 α，田面毛宽为 B_m，田面斜宽为 B_1，田坎占地宽为 B_n，则断面各要素之间的关系如下：

田面毛宽

$$B_m = H \cdot \cot\theta \tag{4-1}$$

田坎占地宽

$$B_n = H \cdot \cot\alpha \tag{4-2}$$

田面净宽

$$B = B_m - B_n = H(\cot\theta - \cot\alpha) \tag{4-3}$$

田坎高度

$$H = \frac{B}{\cot\theta - \cot\alpha} \tag{4-4}$$

田面斜宽

$$B_1 = \frac{H}{\sin\theta} \tag{4-5}$$

从上述关系可以看出，在梯田断面因素中，起决定作用的因素是田坎的坡度大小和田面的宽度大小。

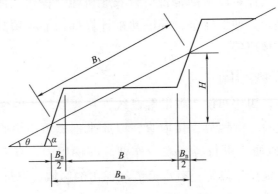

图 4-9　梯田断面要素

θ-原坡面坡度；H-田坎高度；B-田面净宽；α-田坎坡度；

B_m-田面毛宽；B_1-田面斜宽；B_n-田坎占地宽

（3）工程量的计算。

1）单位面积土方量①修筑水平梯田时，如果挖方和填方相等，则梯田挖方或填方断面面积可由下式计算：

$$S = \frac{1}{2} \cdot \frac{H}{2} \cdot \frac{B}{2} = \frac{H \cdot B}{8}(\text{m}^2) \tag{4-6}$$

再根据每亩田面长度

$$L = \frac{666.7}{B}(\text{m}^2) \tag{4-7}$$

计算出每亩梯田土方量

$$V = (S \cdot L) = \frac{H \cdot B}{8} \cdot \frac{666.7}{B} = 83.3H(\text{m}^3) \tag{4-8}$$

---

　①　土方量的计算是建筑工程施工的一个重要步骤。工程施工前的设计阶段必须对土石方量进行预算，它直接关系到工程的费用概算及方案选优。

根据式（4-8），计算出不同田坎高度时每亩梯田土方量（指挖方），见表4-1。

表4-1　不同田坎高与土方量关系

田坎高/m	1.0	1.5	2.0	2.5	3.0	3.5	4.0
每亩土方量/m^3	83	125	167	208	250	292	333

2）梯田的用工量也称需功量，是指土方量与运距之积。修筑水平梯田时不仅要考虑土方量的多少，还要考虑运距，这样才能比较准确地说明修筑梯田的工作量。

每亩梯田的用工量

$$W_a = V \cdot S_0 \qquad (4-9)$$

式中：W_a 为每亩梯田的用工量，$m^3 \cdot m$；V 为每亩梯田的土方量，m^3；S_0 为土方的平均运距，m。

根据数学原理有

$$S_0 = \frac{2}{3}B$$

所以

$$W_a = 83.3H \cdot \frac{2}{3}B = 55.5B \cdot H$$

将式（4-4）代入上式，则有

$$W_a = 55.5B^2 \frac{1}{\cot\theta - \cot\alpha} \qquad (4-10)$$

由式（4-10）可知，梯田的用工量与田面宽度的平方成正比，故田面宽度的选择对于梯田的设计十分重要。

水平梯田抵御强降雨的标准，通常使用十年一遇的 3~6h 最大降水量，在有些干旱或者半干旱地区，降水稀少的地区，我们会使用 20 年一遇的 3~6h 最大降水量。同时，也可以依据各个地区不同的降水特点，使用当地最可能发生洪涝灾害、水土遭到流失的短时间内的大强度降水量。其余类型的梯田设计标准与此相同。

田面的宽度的设计标准应参考以下几点：方便机械化耕种、方便浇灌，单位用土量、用工量要小。考虑机耕方便时，宽度一般不小于

8m；考虑灌溉节水时，对于畦灌宽度不大于 40m，对于喷灌宽度不大于 40m。

在黄土高原地区，根据经验，较优的田面宽度如下：①缓坡地（地面坡度在 5°以下）。根据机耕和灌溉要求，地面坡度为 1°时，田面宽度 50～60m；地面坡度为 2°～3°时，田面宽度 30～40m；地面坡度为 4°～5°时，田面宽度 15～20m。②中坡地（地面坡度 5°～15°）。田面宽度 15～20m，山坡顶部可取 10～15m。③陡坡地（地面坡度 15°～25°）。田面宽度 7～10m，果园梯田可在 7m 以下。梯田田面宽度受多种因素的制约，应根据具体情况，合理选择。水平梯田田坎设计主要是确定田坎高度和田坎外坡。

在一定土质和坎高条件下，田坎外坡缓，其稳定性好，但田坎占地和用工量大；外坡陡，田坎占地和用工量小，但稳定性差。田坎外坡设计的基本要求是，在一定的土质和坎高条件下，保证田坎稳定，并尽可能少占地，少用工。因此，田坎设计时，须进行稳定分析计算；外坡陡梯田还需有一定拦蓄径流和泥沙的能力，因此田边一般设有蓄水埂，埂高应根据能拦蓄设计频率暴雨所产生的全部径流原则来核算确定。一般情况下，蓄水埂高 0.3～0.5m，顶宽 0.3～0.5m，内外坡比约 1:1。我国南方多雨地区，梯田内侧应有排水沟。排水沟具体尺寸应根据降雨、土质、地表径流情况通过计算确定，同时考虑一定的安全超高。

水平梯田断面尺寸见表 4-2。

石坎梯田的田坎可用条石、块石、卵石、片石或土石混合料修筑。土层薄且地面有砂页岩出露的地方，宜选用毛条石修筑；石灰岩、花岗岩不便开成料石，故石灰岩、花岗岩丰富地区，宜选用块石修筑；靠近河谷或沉积带卵石分布广的地方，宜用卵石修筑；千枚岩、片麻岩等区域宜用片石修筑；有石料，但造价高，土层厚的地方，为减少占地，增加田坎稳定，可选用田坎下段为砌石、上段为土料的土石混合坎。

表 4-2① 水平梯田断面尺寸参考数值

适应地区	地面坡度 $\theta/°$	田面净宽 B/m	田坎高度 H/m	田坎坡度 $\alpha/°$
中国北方	1~5	30~40	1.1~2.3	85~70
	5~10	20~30	1.5~4.3	75~55
	10~15	15~20	2.6~4.4	70~50
	15~20	10~15	2.7~4.5	70~50
	20~25	8~10	2.9~4.7	70~50
中国南方	1~5	10~15	0.5~1.2	90~85
	5~10	8~10	0.7~1.8	90~80
	10~15	7~8	1.2~2.2	85~75
	15~20	6~7	1.6~2.6	75~70
	20~25	5~6	1.8~2.8	70~65

（1）田面宽度。石坎梯田田面宽度的设计，应考虑坡地土层厚度（图 4-10）。修平后，梯田内土层厚度应大于 30cm。

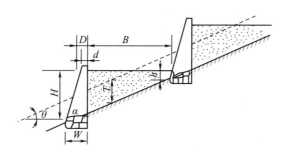

图 4-10 石坎梯田断面图

石坎梯田田面宽度按下式计算：

$$B = 2(T - h)\cot\theta \qquad (4-11)$$

式中：B 为田面净宽度，m；T 为原坡地土层厚度，m；h 为修平后挖方后缘处保留的土层厚度，m；θ 为地面坡度。

---

① 本表中的田面宽度与田坎坡度适用于土层较厚地区和土质田坎，至于土层较薄地区其田面宽度应根据土层厚度适当减小。

（2）石坎梯田田坎高度可用下式计算确定：

$$H = \frac{B}{\cot\theta - \cot\alpha} \tag{4-12}$$

式中：H 为田坎高度，m；B 为田面净宽度，m；θ 为地面坡度；α 为田坎坡度。

田坎高加上田埂（蓄水埂）高即为埂坎高。

石坎梯田坎高一般为 1.0~2.5m，外坡 1:0.75；内侧接近垂直，顶宽 0.4~0.5m。

（二）隔坡梯田

隔坡梯田上方坡地产流可被下方水平田面拦蓄利用，是一种典型的径流农业，增产效果显著且修筑省工。

从田面布设来看，隔坡梯田和水平梯田有着很大的相似度。具体可参考图 4-11，主要的设计目的就是明确梯田斜坡水平部分和斜坡部分的宽度以及这两个部分的比例。

设计时应考虑两方面的要求：一是原坡面应有一定宽度，以便为水平田面提供一定的水量；二是梯田能拦蓄设计频率降雨产生的径流和泥沙。

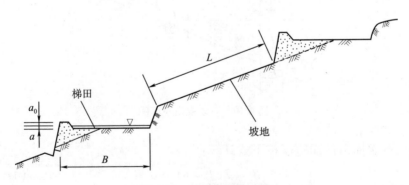

图 4-11　隔坡梯田断面图

对坡地部分产流产沙量进行正确估算具有重要意义。

暴雨时，水平田面不仅要承纳自身范围内的雨水，而且还要接纳坡地部分的来水和泥沙。因此，正确估算坡地的产流产沙量，对隔坡梯田断面尺寸的设计至关重要。

1. 平台（水平田面）宽度的设计要求

水平田面在宽度上的要求是要能够满足农作物种植条件。假如隔坡梯田的坡度为15°~20°，那么田面的宽度应该为5~10m。坡度较低缓时，水平田面可以稍微加宽，反之则要收窄。

2. 斜坡的宽度要求

斜坡的宽度一般用宽度与水平的宽度的比值来表示，也叫作斜宽比。正常情况下为1:1~3:1，在气候干旱的地区，则需要更大的斜宽比来增大蓄水量；反之，在降水充沛的地区可以适当减小斜宽比。除了降水因素，斜宽比还依据当地土壤的类型、植被是否丰富等一系列影响含水量的因素来确定。通常把斜坡处在十年一遇的一次特大降水下所产生的每平方米水流和含沙量当作确立宽度的重要根据。在这一降水条件下，梯田田面要以能拦截全部斜面水流为设计标准。除了这一点，宽度的设计还要计算斜坡一整年的水流量，以充分了解斜坡可以为田面的水流下渗提供的水流量，如果水流量偏大，还应该减小宽度。

斜宽比可通过下式计算：

$$m = \frac{L}{B} = \frac{a - a_0}{nS} \qquad (4\text{-}13)$$

式中：m 为斜宽比；n 为隔坡梯田设计年限，年；B 为平台宽度，m；L 为斜坡宽度，m；S 为年最大冲刷深度，mm；a 为蓄水埂有效拦蓄高度，cm；a_0 为安全超高，cm，取值一般为5cm。

（三）坡式梯田

坡式梯田是坡地变为水平梯田的过渡形式，通过逐年加高土埂、耕作翻土和上半部径流对土壤的冲刷，使埂间地面坡度不断减缓，最终变成水平梯田。

坡式梯田有助于扩大坡耕地治理面积，加快水土流失治理，对劳力缺乏的地区最为适宜。设计的主要任务在于布设地埂和确定地埂的断面尺寸。

对于坡度在5°以下的大块缓坡地，坡度比较均匀，田面较平整，地埂线可沿等高线平行布设。考虑机耕时，地块宽度一般取20~40m，长度不宜小于 100m，地块两头和局部洼地之间的高差不宜大于 2m。

对于 5°以上的坡耕地，力求田块集中连片，地埂基本按等高线布设，尽量利用天然地坎。田面宽度和地埂线弯度要能满足机耕要求。

如图 4-12 所示，地埂拦蓄量可按最大一次暴雨径流深、年最大冲刷深与多年冲刷深之和进行计算。地埂间距可按水平梯田设计。地埂应逐年加高，实践中一般三年加高一次。

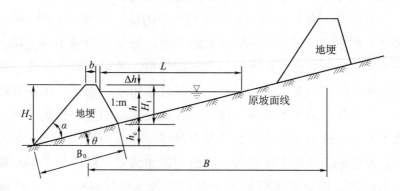

图 4-12　地埂断面及拦蓄容积

地埂内侧高度为

$$H_1 = h + \Delta h \qquad (4-14)$$

式中：H_1 为地埂内侧高度，m；h 为地埂最大拦蓄高度，m；Δh 为地埂安全加高，m，可采用 0.05~0.10m。

地埂最大拦蓄高度可根据单位埂长的坡面来洪量（包括洪水和泥沙）确定。

每米埂长来洪量为

$$W = B_m(h_1 + h_2) + Q \qquad (4-15)$$

式中：W 为每米埂长来洪量，m^3；B_m 为田面毛宽，m；h_1 为最大一次暴雨径流深，m；h_2 为 3 年的冲刷深度，即年最大冲刷深度（$h_大$）与多年平均冲刷深度（$h_平$）的 2 倍之和，即 $h_2 = h_大 + 2h_平$；Q 为 3 年耕作翻入埂内的土方量，m^3。

年最大冲刷深度因自然条件（地面坡度、土质、降雨等）的不同，各地有所差别，应通过实验调查来确定，如陕北榆林地区设计时

采用 $h_大 = 10mm$；黄土高原不同地区年最大冲刷深度可按表 4-3 选用；山西省年最大冲刷深度可参考表 4-4 选用。

表 4-3　黄土高原不同地区年最大冲刷深度 mm

原地面坡度/(°)		5	10	15	20	25
年最大冲刷深度/mm	陇东南区及陕北区	5	4	5	6	7
	晋陕北部区及晋陕最北区	3	7	10	13	15

表 4-4　田面坡度与径流深度、冲刷深度、耕作土方量关系表

田面坡度/（°）	最大一次暴雨径流深度/mm	年最大冲刷深度/mm	多年平均冲刷深度/mm	三年冲刷深度/mm	每年耕作下翻土方量/（m³/m）	三年耕作下翻土方量/（m³/m）
3	20	0.4	0.3	1.0	0.04	0.09
5	24	0.5	1.0	2.5	0.04	0.12
10	35	3.0	2.0	7.0	0.04	0.12
15	40	5.0	3.0	11.0	0.05	0.15
20	46	7.0	4.0	15.0	0.06	0.18

每米埂长最大拦蓄量为

$$V = \frac{1}{2}Lh = \frac{h^2}{2}\left(m + \frac{1}{\tan\theta}\right) \tag{4-16}$$

式中：L 为最大拦蓄高度时的回水长度，m；m 为地埂内侧边坡比；θ 为田面坡度，（°）。

设计时取 $V = W$，将 W 代入式（4-16），则地埂最大拦蓄高度

$$h = \sqrt{\frac{2W\tan\theta}{1 + m\tan\theta}} \tag{4-17}$$

当坡式梯田筑埂时，埂顶宽一般取 30～40cm，埂高 50～60cm，外坡边坡比 1:0.5，内坡边坡比 1:1。

坡式梯田变为水平梯田，主要由耕作（犁）翻土（将梯田上半部翻入下半部填方内）、上半部径流冲刷土壤至下半部淤积及在埂下方取土培埂而变平。冲刷面积可按梯田面积之半计算。则变平年限为

$$T = \frac{V_1 - A}{S + F + G} \tag{4-18}$$

式中：T 为变平年限，年；V_1 为坡地变梯田的土方量，m^3，可按田面坡度达到 3° 的土方量计算；A 为第一次培埂土方量，m^3；S 为平均一年的冲刷量，m^3；F 为平均每年耕作下翻的土方量，m^3，根据各地试验资料选用；G 为平均每年加高地埂的土方量，m^3。

坡式梯田变平年限表（见表4-5）。

表 4-5　坡式梯田变平年限表

田面坡度/（°）	每年填土区增加的土方量 /（m³/亩）				梯田土方 /（m³/亩）		变平年限 T/年
	合计	冲入土方	翻入土方	加高地埂土方	水平时	3°	
3	2.81	0.11	0.50	2.2	164	—	—
5	4.36	0.22	1.34	2.8	147	50	12
10	7.56	0.78	1.78	5.0	227	160	21
15	12.56	1.22	3.34	8.0	247	180	14
20	15.20	1.70	5.00	8.5	259	225	15

根据以上计算，当田面坡度在 5°~20°、地埂间距在 8~20m、每年翻耕两次、地埂 3 年加高 1 次、田面坡度减缓到 3° 时，需 10~20 年。

（四）坡面蓄水工程

1. 蓄水池

蓄水池又称涝池或塘堰，可用以拦蓄地表径流，防止水土流失，是山区、丘陵区满足人畜用水和灌溉用水的一种有效措施。蓄水池的形状通常是圆形或者偏圆形的，面积也各有不同：面积大的能占地好几亩，蓄水量也能达到几百至几千立方米；小的蓄水池蓄水量通常只有 50~100m³。

按照建材不同，蓄水池可以分为土质蓄水池、三合土蓄水池、砖块蓄水池、混凝土蓄水池等；又可按照形状不同将蓄水池分为方形、圆形、椭圆形蓄水池等。按池口的结构形式可划分为封闭式和开敞式两大类，如图 4-13 和图 4-14 所示。

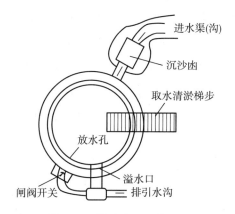

图 4-13 圆形池平面布置图

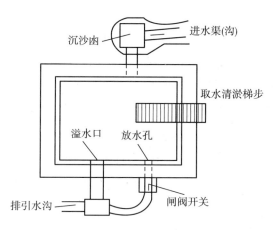

图 4-14 矩形池平面布置图

封闭式蓄水池是在池顶增加了封闭设施，使其具有防冻、防高温、防蒸发功能，可用于人畜饮水，但工程造价相对较高，单池容量比开敞式小。

（1）蓄水池的位置选择。蓄水池多建于村庄周边、马路附近、梁峁坡以及沟头之上。蓄水池的土质应选择黏土类土壤。砂性大的土壤容易渗水，易造成陷穴，故不宜在其上修建蓄水池。蓄水池位置选择时，还应该注意以下几点：①有足够的来水量；②在有泉水的地方，可以在泉水水眼周围修筑蓄水池；③尽量选在地面较低处，以利于控制较大集水面积，对于灌溉农田的蓄水池，尽可能做到自流灌溉（一般高于被灌田面 2~3m，用于滴灌、微喷灌时，应高于田面 5~8m），同时还应注意排水及来沙情况，以防池顶漫溢或泥沙入池降低蓄水效能；④在修建蓄水池时，要打好蓄水池的基础，位置不能太靠近于沟头、沟边以及崖坎，此外，周围有大型树木也不合适修建蓄水池。

（2）蓄水池的布置形式。蓄水池一般布置在来水充足、蓄引方便、基础稳固处，尽量少占耕地。蓄水池配套设施有引水渠、排水沟、沉沙池、过滤池（有人畜饮水要求）、进水和取水设施（放水管或步梯）等。房前屋后或道路旁的开敞式蓄水池还应加设栏杆或围坪，人畜饮水用的蓄水池一般为封闭式，以保证卫生和安全。蓄水池的布置形式通常有下列几种：

1）平地蓄水池修在平地的低凹处，一般是将凹处再挖深，挖出的土培在周围。

2）沟头蓄水池在沟头附近汇水较多且安全处开挖蓄水池，拦蓄坡面地表径流，防止沟头前进。

3）沟底坡脚蓄水池沟底坡脚常有地下水渗出，可在附近开挖蓄水池，用以灌溉农田或为人畜饮水提供水源，但应注意避免岸边坍塌。

4）灌溉蓄水池在山地渠道边，每隔适当距离开挖蓄水池，蓄水池与渠道连接处设闸门，将多余的水存储在池内，以便需水时灌溉。

5）连环蓄水池各水池之间用地下暗管或者小型水渠来连接，连环蓄水池大多都修建在马路的一边，确保其不被道路所冲刷，有时连环蓄水池也修建在坡面浅凹地处，连环蓄水池的形状多是矩形，单个蓄水池的蓄水量可达 $10 \sim 15 m^3$。

（3）蓄水池容积设计的相关方法。

1）调节水量计算法在了解来水量的情况下，根据当地用水情况确定调节周期。例如，日调节、多日调节、季调节、年调节等，按照既保证用水要求，又节省工程量的原则，通过调节水量计算（具体可参考水库兴利调节计算），确定蓄水池容积。

2）利用经验公式估算容积当水源为小河流或地面径流时，常因无法掌握实际的来水过程，而不具备进行调节计算的条件，一般可采用经验公式估算蓄水池的容积。

A：按来水量计算容积。

$$V = K \cdot W_0 \tag{4-19}$$

式中：V 为蓄水池容积，m^3；W_0 为多年平均年来水量，m^3；K 为调节系数。根据经验，K 为 $0.3 \sim 1.0$，在雨量较丰沛，沟道经常有水的情况下，K 取小值；在干旱少雨，沟道时常断水的情况下，K 取较大值；在集水面积小，平常无水，仅汛期大雨时才有径流汇集的情况下，K 取最大值。

B：按用水量计算容积。

$$V = \frac{K \cdot W}{1 - \rho} \tag{4-20}$$

式中：V 为蓄水池容积，m^3；W 为多年平均灌溉用水量，m^3；ρ 为蓄水池渗漏、蒸发损失水量的百分数，%，一般小型蓄水池可按 $10\% \sim 20\%$ 考虑；其余符号意义同前。

确定蓄水池容积，应根据上述两种计算结果，取其中较小值。即当用水量小于来水量时，一般应按用水量确定容积；当用水量与来水量差值较小或两者持平时，亦可按来水量设计；当用水量大于来水量时，按来水量设计，再根据来水量确定灌溉面积，其计算公式为

$$A = \frac{W_0(1 - \rho)}{E} \tag{4-21}$$

式中：A 为灌溉面积，亩；E 为毛灌溉定额，即每亩地一年灌溉用水总量，$m^3/$亩，可参考当地试验资料确定；其余符号意义同前。

蓄水量加上超高部分的容积即为蓄水池总容量，由总容量及蓄水池的形状即可定出蓄水池的具体尺寸。

2. 山塘

山塘是南方丘陵区应用十分普遍的一种蓄水灌溉工程。山塘通常布设在坡麓、分水鞍部、居民点附近和山冲中央，以承纳山坡径流和房屋、禾场等硬地面径流及稻田暴雨时的排水。

山塘容积较大，小者可超过 $500m^3$，大者可超过 1 万 m^3。

（1）山塘位置选择要求。

1）山塘应布设于有较大集流面积的径流汇集处，如山腰居民点

附近、山冲中央。

2）要选择建在黏结性强、渗透性小的土质基础上。

3）山塘的高程，一般要高过最高一台梯田的田面，以便自流灌溉，同时还要留溢洪道，以排泄超标准洪水。

4）集水坡面要采取林草措施固土，防止流失泥沙淤塞山塘。

5）山塘应尽量与一些较大的灌溉工程渠系串联在一起，平时引渠水回灌山塘，旱时取山塘水灌溉，提高山塘利用效率。

（2）山塘容积的要求。山塘容积与集水面积内的来水量和灌溉需水量有关。后者根据稻田的日耗水量和需要抵御连续干旱的天数来确定。若来水量大于灌溉需水量，则需考虑排水或者缩小山塘开挖体积；若小于灌溉需水量，则要另行开辟水源或缩小灌溉面积。

在设计过程中，山塘的开挖容积一般有两种估算方法。

1）依山坡来水量定容积。

$$V = 0.667F\varphi h_1 - 0.667fhn - Q_p \tag{4-22}$$

式中：V 为山塘蓄水容积，m^3；F 为山塘集水区面积，亩；φ 为径流系数，可查当地水文手册确定；h_1 为多年平均降水量，mm；f 为山塘所控制的灌溉面积，亩；h 为水稻日平均耗水量，mm；n 为水稻生长期内灌水天数，天；Q_p 为暴雨期排水总体积，m^3。

位于山冲中间的山塘，开挖容积为

$$V = Q_1 + Q_t - 0.667fhn - Q_p \tag{4-23}$$

式中：Q_1 为上一级山塘排水量和集流区内径流量，m^3；Q_t 为本山塘集流区内稻田在踩田和晒田期间的退水量，m^3；其他符号意义同前。

2）依据山塘控制灌溉面积内连续干旱天数所需灌溉水量定容积。

$$V = 0.667fhn_g \tag{4-24}$$

式中：n_g 为水稻生长过程中关键需水期（如拔节至抽穗开花期）天数，天，可取 30～50 天；其他符号意义同前。

3. 水窖

水窖是一种修建在地底下、具有蓄水作用的建筑，主要用于拦蓄雨水和地表径流，为人畜饮水和旱地灌溉提供水源，同时可减轻水土流失。

水窖的类型较多，主要有井窖、窑窖等。水窖在使用时，可根据实际情况，采取多窖串联或并联，以充分发挥其调节用水的功能。

（1）井窖。在黄河中游地区分布较广，主要由井筒、沉沙地、进水管、散盘、旱窖、水窖、窖底等部分组成，如图4-15所示。

井筒：是指从井口到扩散段的竖直部分，井筒直径不宜过大，一般为0.6m左右。井筒深度随土质不同而异，一般为1~2m。土质坚实时，井筒可短些。

沉沙池：位于进水管末端，其边墙及池底应衬砌，沉沙池出口应设置简易拦污栅，最大限度减少污物进入窖中。

进水管：根据地形条件，一般可用铁管、塑料管、水泥管等，将水源和蓄水设施连接起来。

散盘：是水窖与旱窖相连接的地方。

旱窖：指从井口下方到散盘这一段，一般不上胶泥，也不存水。

胶泥层：用来防止渗漏。用胶泥糊制的水窖，使用年限长。

水窖：主要用来蓄水，四周窖壁捶有胶泥以防渗漏。窖中的水是固定的死水，杂质沉淀后会产生一种臭味，土窖中的黄土可渗透吸附这种味道，但水泥混凝土窖不具这种作用。

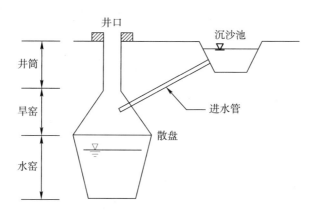

图4-15 井窖结构示意图

（2）窑窖。窑窖与西北地区群众居住的窑洞相似。横断面同窑洞，主要由窑门、窑顶、水窖、沉沙池等组成。窑顶一般矢量跨比为

1:2，跨度 3~4m，窖高 1.5~2.5m，窖长 8~15m，蓄水部分为上宽下窄的梯形槽，边坡比为 8:1，深 3~4.5m，底宽 1.5~4.5m。修建时，先把岩坎或陡坡修成垂直的竖面，在竖面上挖洞，再在其底挖窖，窖是储水主体。窖的四壁及底面需夯实，再用砖砌铺面，然后抹上几层水泥砂浆进行防渗处理和稳固窖壁（底）（图 4-16）。窑窖宜从入口进水，也可从顶部进水，但须做好防渗措施，以防渗漏引起窖顶坍塌。

窑窖与井窖相此，容量较大，技术简单，施工容易，取水方便，可自流引水。

窖址选择窖址时，应注意以下问题：①有足够的水源；②土层深厚、坚硬，水窖一般应设在质地均匀的土层上，以黏性土壤最好，黄土次之；③便于人畜用水和灌溉农田。

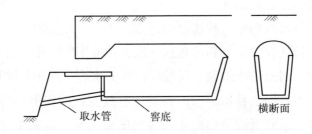

取水管　　窖底　　　　横断面

图 4-16　窑窖结构示意图

水窖的配套设施水窖的配套设施主要包括沉沙池、过滤池、拦污栅等。

沉沙池一般距离水窖（池）3.0~4.0m。根据来沙情况，可设为一级沉沙或多级沉沙，池底比降，可为平坡、逆坡或顺坡，一般顺坡沉沙效果较差。

用于解决群众饮水的蓄水工程，对水质要求高，需建过滤池。过滤池和沉沙池可单独布设，也可联合布设。

拦污栅布设在沉沙池、过滤池的前方，用于拦截杂草、枯枝落叶及其他较大的漂浮物。

（五）截水沟和排水沟

当在坡面底部有梯田，顶部有植被稀少的山坡中，我们要在两者交接的地方修建截水沟。当坡面水土保持能力差和长度太长时，可以增设截水沟以增加蓄水量。而增设的截水沟之间的距离多是20~30m，这也要依据当地坡面的坡度、土壤成分和降水量等来决定。

（1）防御暴雨标准根据《水土保持综合治理技术规范》（GB/T16453.2—1996）中"小型蓄排水工程"的规定，截水沟按十年一遇24h最大降雨量设计。

（2）断面设计。

1）蓄水型截水沟的容量。

$$V = V_w + V_s \tag{4-25}$$

式中：V为截水沟容量，m^3；V_w为一次暴雨径流量，m^3；V_s为1~3年土壤侵蚀量，m^3。

V_w和V_s可分别按下式计算：

$$V_w = M_w F \tag{4-26}$$

$$V_s = 3M_s F \tag{4-27}$$

式中：F为截水沟的集水面积，hm^2；M_w为暴雨径流模数，m^3/hm^2；M_s为年土壤侵蚀模数，m^3/hm^2；其余符号意义同前。

截水沟断面面积

$$A_1 = V/L \tag{4-28}$$

式中：A_1为截水沟断面面积，m^2；L为截水沟长度，m。

2）排水性截水沟有两类，分别是少蓄多排和多蓄少排。

少蓄多排型截水沟指的是降水产生的水流只留少数于截水沟内，多数流进蓄水池。截水沟的断面面积参考排水沟的面积，可上下调整2%。

少蓄多排型截水沟，暴雨产生的坡面径流小部分蓄于沟中，大部分排入蓄水池。断面尺寸参照排水沟的断面尺寸，同时取2%左右的比降。

在暴雨的防御标准上排水沟同截水沟相同，其断面根据设计频率暴雨坡面最大径流量，按照明渠的均匀流公式来计算：

$$A_2 = \frac{Q}{C\sqrt{Ri}} \tag{4-29}$$

式中：A_2为排水沟断面面积，m^2；Q为设计坡面最大径流量，m^3/s；

C 为谢才系数；R 为水力半径，m；i 为排水沟比降。

其中，设计坡面最大径流量：

$$Q = \frac{F}{6}(I_r - I_p) \tag{4-30}$$

式中：I_r 为设计频率 10min 最大降雨强度，mm/min；I_p 为相应时段土壤平均入渗强度，mm/min；F 为坡面汇水面积，hm^2。

第二节　边坡防护工程措施

一、坡面防护工程

边坡坡面防护工程指的是通过各种措施来进行坡面保护，这些措施主要有增加植物覆盖率、夯实坡面、通过干砌石进行防护、浆砌石及其围墙进行防护等。通过这些防护手段来预防斜坡发生侵蚀和形变，在一定程度上能够保证附近的一些工程项目的稳定，防止事故发生，保护和改善生态环境。

（一）植物防护

植物防护的措施不仅简单而且成本低，通过在斜坡上种植适合当地气候、地质条件的植被。通过植被的固定土层的作用来保护斜坡，同时植物防护还具有生态效益。在选择植物的问题上，需要选择适合当地实际条件的植物进行种植，在管护上也较为容易。

种植植物的防护通常有移植草皮、种植草、种植防护林等。

在土质适合草类成长的斜坡上，可以通过种草的方式来进行防护。这些斜坡要求高度、坡度不大高，一般来说要坡度要小于1∶1.5。如果土壤条件不适宜直接种植草，可以在坡上挖出分层，在分层上铺上合适的土壤，再进行草的种植。

在种草品种的选择上应考虑其所需的种植环境，尤其应该结合当地的气候天降、干湿度状况等来选择草的种类。如在气候干燥、温度低的地区，应该选择部分耐干旱、扛霜冻、根部发达的种类，常见的红豆草就适合在此类地区种植。值得注意的是，种草还应该注意多种合适草类混合种植，以此来提高单位面积的植被覆盖率。还有一点，随着人民生活水平的改善，种草时还应考虑美化要求，种草后 1～2 年，应进行必要的封禁和采取抚育措施。

在播种时机的选择上，为了使草类更好的存活，一般来说可以选在春季和秋季播种。播种可以采取挖坑播种、直接挥撒播种等多种形式，这要根据天气状况和草类的特性来决定。在播种前，为了种子在土壤中分布均匀，可以将种子和泥土先进行均匀混合，之后再来播种。

种草这一措施还能和其他的措施进行组合使用，比如可以在混凝土防护格的格内种植。

随着新技术的发展，许多种草进行防护的新技术得到开发，比如三维度植被网防护坡、植生带护坡等，也可以根据当地地区的具体条件来选择应用。

平铺草皮适合在任何土质的边坡、风化作用很严重的岩石坡地以及软质岩石坡地，通常坡度都比较小。在品类的选择上，以根部发达、茎干低矮和枝叶繁茂的耐旱植物为标准。草皮的厚度通常是在 5～10cm。在铺草皮作业上，铺草之前先把土层表面整理平整；铺草皮时，用水充分滋润草皮与表层泥土，使两者充分黏合，在草皮的周围用树枝进行加固，防止位移。在移植草皮的时机上，最好选择在春季或者春夏之交，温度、水分条件都适宜草皮的生长。在气候干燥，降水稀少的地区，可以选择在降水充沛的雨季进行移植。该方法并不是在所有地区适用，在部分气候干燥地区，降水稀少，草皮的养护需要很高的费用，该方法很少使用。

边坡坡度 10°～20°，在南方坡面土层厚 15cm 以上，北方坡面土层厚 40cm 以上，立地条件较好的地方，可采用造林护坡，经常浸水、盐土边坡不宜采用造林的方法。

在黄土高原地区，由于气候较为干燥，在选择树种时要选择根部较发达且适合该地区气候的低矮型灌木树种，比如穗槐等。乔木类植物通常被水分条件较好的坡面采用。栽植一般于当地植树季节进行，苗木宜带土栽植，并应适当密植。

（二）坡面夯实

坡面夯实适合在容易受到流水侵蚀的，边坡坡度不大且没有地下水源影响的山坡，具体分为两类：灰土夯实和素土夯实。

坡面夯实的厚度通常大于30cm。坡面夯实在边坡较低的地段，一般使用同厚度的截面，在边坡较高的地段使用上层薄下层厚的截面。在素土夯实时，最适合的土质是黏土，同时土壤的含水量也要符合标准，太干和太湿都不适合。一般来说，夯实之后，黏土的容重要达到$1.5t/m^3$之上。

在进行坡面夯实时要重视已防护坡面和未被防护坡面之间的连接处，此处应进行封闭处理。坡面夯实与未夯实土壤之间也需要进行衔接处理。

（三）干砌石防护措施

使用干砌石进行防护的措施适合在坡度较小的土质的边坡使用，还要求这类边坡经常受到水流的冲击作用或者因为地下水的渗透引发溜坍。地下水渗透严重并有水涌出时，就需要在护坡下部设置以碎石块为主的过滤层。干砌石厚度一般为0.3m，其石材的单个重量要大于25kg，石料中部的厚度要求大于0.15m，整体强度等级不能小于MU25且软化系数要大于0.75。同时，石料还要求质地坚硬，没有裂痕，未受到风化的影响。

在构筑干砌石护坡的地基时，要选择体积大的石块，埋藏深度与侧方沟底相同，地基要和侧沟连接在一起，同时选用水泥强度为M5或者M7.5的浆砌石。

干砌石石块在构筑时应该从下往上构筑，石块之间要贴紧，接触面要交错，产生缝隙时，要用小石头填在缝隙中。

（四）浆砌石护坡

浆砌石护坡的适用范围较广，在各种坡度为1:1.0~1:2.0的容易受到风化作用的土质和石质边坡都可以运用。这一护坡由两部分组成，其中包括面层和过滤垫层。面层的设置通常依据边坡的高度以及坡度的大小适用等截面。当边坡高度太高时要设置分级平台，每一级的高度不能超过20m，宽度要依照上一级护坡基础的情况来设置，通常不能小于1m。垫层又分单层和双层两种，单层厚5~15cm，双层厚20~25cm。原坡面如为砂、砾、卵石，可不设垫层。

肋式护坡适用于护坡面积、坡度较大的边坡（图4-17），形式有：

（1）在岩层完整度不高，不容易挖掘槽部的部位可以使用外肋。

（2）以泥土为主和质地软的边坡可以使用里肋。

（3）在由于边坡表层发生过溜坍且经刷方整理后的边坡可以使用柱肋。

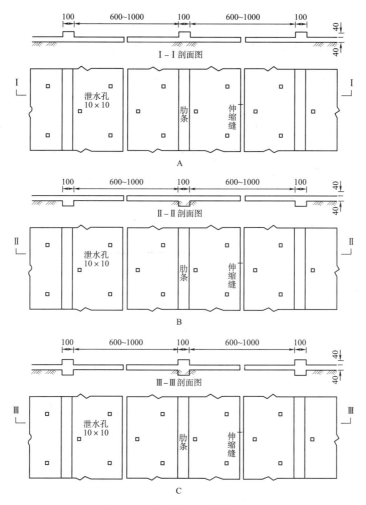

图4-17　肋式浆砌石护坡（cm）

A. 外肋式；B. 里肋式；C. 柱肋式

当防护面积较大时，可以在坡面设置台阶，以便于对护坡进行维护。

在构筑浆切石护坡的地基时，我们要选择体积大的石块，埋藏深度与侧方沟底相同，地基要和侧沟连接在一起，同时选用水泥强度为 M5 或者 M7.5 的浆砌石。

浆砌石护坡在自然环境的作用下，容易受到温度变化和沉降的影响，所以在浆砌石的主要部位沿着其身长修筑 2cm 宽的一条缝隙，缝隙之间间隔大约 10m。在缝隙内部可以填入深度大约 10cm 的麻筋。同时浆砌石修筑在材质不同的地基上时也要照此操作。由于受到降水的影响，我们需要在浆砌石的中下部位设置排水孔，大小直径 10cm 左右，孔之间距离保持 3cm。排水孔的下部要设置细石组成的过滤层。

（五）浆砌石骨架防护坡

在水分含量高，水流冲击作用明显的土坡以及风化作用明显的岩石坡可以采用浆砌石骨架防护坡。骨架的形状多为方格型，间隔距离在 4m 左右，并与水平线呈 45°。在护坡的上部和底部使用强度为 M5 以上的水泥进行封边。

在骨架方格内也可以移植草皮或者水泥铺设鹅卵石等。

骨架的设置要有一定的深度，通常要大于 30cm。骨架表面要和铺设物保持高度上的一致。有些地方还要修建排水沟，用来排水。

浆砌石骨架的形状不限于矩形，还可设置拱形或者人字形。在修建成拱形时，拱的高度一般是 5m，各个骨架之间的距离约为 5m，具体的数值可以根据边坡的具体情况来进行调整，如图 4-18 所示。

在浆砌石骨架施工开始的前一阶段，要将边坡进行平整，清除废弃碎石。在移植草皮或者铺设鹅卵石时要求在骨架强度达到 70% 之后才可以进行，并使其与骨架边缘契合紧贴，以防止水流渗透。

（六）浆砌石护墙

在各种边坡坡度小于 1:0.5 土质边坡及风化作用明显的岩石坡可以采用浆砌石护墙。浆砌石护墙是实体的护墙，具体可分为等截面和变截面两种，如图 4-19 所示。

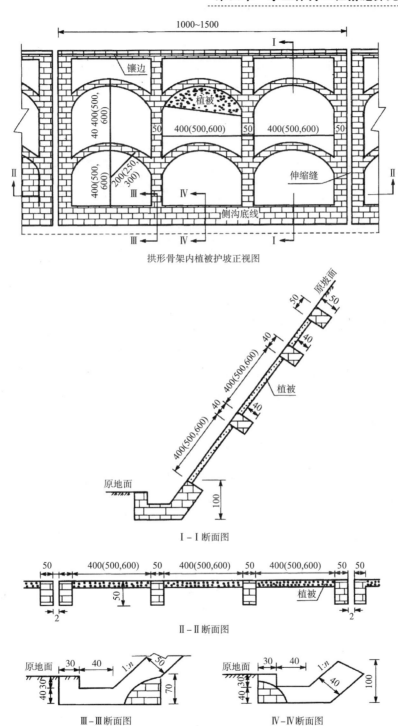

拱形骨架内植被护坡正视图

Ⅰ-Ⅰ断面图

Ⅱ-Ⅱ断面图

Ⅲ-Ⅲ断面图

Ⅳ-Ⅳ断面图

图4-18 浆砌石拱形骨架防护坡（cm）

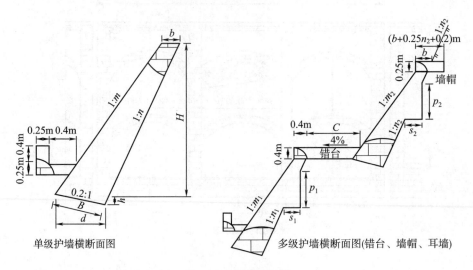

单级护墙横断面图   多级护墙横断面图(错台、墙帽、耳墙)

图 4-19   变截面护墙

（1）护墙的高度。当边坡的比例为 1:0.5 时，护墙高度不能超过 6m，当该比例小于 1:0.5 时，高度不能超过 10m。变截面护墙的高度通常不高于 30m，这是在采用双级护墙或者三级护墙的情况下。单级护墙的高度不能超过 20m。双级护墙和三级护墙的上面墙的高度要低于下面墙的高度，同时，下墙的截面要比上面的墙截面大。在上下墙中间要设置错台加以区分。错台的宽度通常不能小于 1m，这样上墙才能修建在一个牢固的基础之上。

（2）护墙的厚度。等截面的护墙厚度通常是 0.5m。变截面的护墙厚度计算，顶宽设为 b 通常是 0.4~0.6m，底宽设为 B 依据墙的高度 H 来决定，即边坡坡度为 1:0.5 时：

$$B = b + H/10 \qquad (4-31)$$

边坡坡度为 1:0.5~1:0.75 时：

$$B = b + H/20 \qquad (4-32)$$

（3）护墙边坡。等截面墙背坡边坡系数 n 与墙面坡边坡系数 m 相同。

变截面

$$n = m - 1/20 \text{ 或 } n = m - 1/10$$

（4）护墙基础。护墙的基础下面需要牢固的地基，一般来说需要将其埋至冻土层下 0.25m 左右。有些地基的牢固程度有所欠缺则需要进行加固，如将护墙墙底设计成内斜的方向坡面。

（5）耳墙设施。耳墙指的是为了增强墙体的稳定性，在墙背部分位置增加截面，使墙体一部分进入山体，进入山体的这部分突出的墙体就叫作耳墙。耳墙的设置，当墙高大于 8m 时，在墙背中部设置一道耳墙；当墙高大于 13m 时，设置两道耳墙，间距 4 ~ 6m。耳墙的宽度 S 一般为 0.5 ~ 1.0m。当墙背坡大于 1:0.5 时，耳墙宽 0.5m；当墙背坡小于 1:0.5 时，耳墙宽 1.0m。

（6）墙帽。护墙墙顶均应设 20 ~ 30cm 厚的墙帽，并使其嵌入边坡内至少 20cm，或者顶部应用原土夯填，以防雨水灌入墙后引起破坏。护墙高大于 6m 时，应设置检查梯和拴绳环，多级护墙还需在上下检查梯之间的错台上设置安全栏杆，检查梯可兼作排水用。边坡上的凹陷部分在施工时，应用与墙体相同的材料砌补。

浆砌石护墙对石料的要求与浆砌石护坡相同，砌筑砂浆的强度等级一般为 M5 或 M7.5，勾缝砂浆为 M10。浆砌石护墙沿墙身长度每隔 10m 左右应设置 2cm 宽伸缩缝一道，用沥青麻（竹）筋填塞。浆砌石护墙基础修筑在不同地基上时，应在其相邻处设置沉陷缝一道，要求同于伸缩缝。墙身还应设置泄水孔，泄水孔上下左右间距约 3m，孔口一般为矩形，尺寸为 10cm × 10cm。泄水孔后还须有用碎石或砂砾石做的反滤层。

二、削坡开级

削坡开级指的是在坡度大且高度高的边坡采用逐级削坡的方式使边坡的坡度减小，分层管理（图 4-20）。这一方法不用对整个边坡进行改造，只要分级开发就可以有效降低坡度，提升边坡的稳定。同时这一措施施工较为便捷、环保经济，经常在实际防护中被人们使用。该措施在土质边坡、塑性黏土和砂性的边坡较为实用，同时还要求边坡下水位低，地形面积大，能提供开发空间。

削坡开级设计的关键是保证边坡稳定情况下确定边坡的形状和坡

度，其设计内容主要包括确定边坡的形状、边坡的坡度和验算边坡的稳定性，同时还需设计坡面防护措施。下面就土质坡面和石质坡面削坡开级设计作简要介绍。

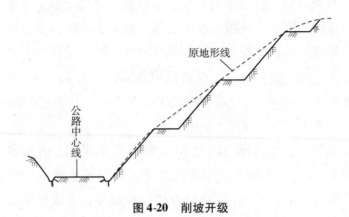

图 4-20　削坡开级

（一）土质坡面

土质坡面的削坡开级主要有直线形、折线形、阶梯形和大平台形四种形式，如图 4-21 所示。

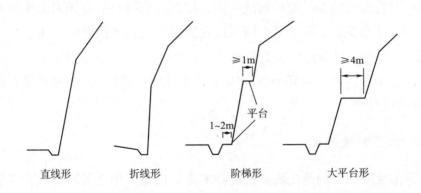

直线形　　　折线形　　　阶梯形　　　大平台形

图 4-21　削坡开级的形式

（1）直线形。直线形是坡面从上到下，削成同一坡度，削坡后比原坡度减缓，达到该类土质的稳定的坡度，适用于高度小于 20m、结构紧密的均质土坡，或高度小于 12m 的非均质土坡，对有松散夹层的土坡，其松散部分应采取加固措施。

（2）折线形。折线形重点是削缓坡面上部，削坡后保持上部较缓、下部较陡的形状，从剖面看形似折线。折线形适用于高 12～20m、结构比较松散的土坡，尤其是上部结构较松散、下部结构较紧密的土坡。削坡时，坡面上下部的高度和坡比应根据土坡高度与土质情况具体分析确定，以削坡后能保证稳定安全为原则。

（3）阶梯形。阶梯形适用于高 12m 以上、结构较松散，或高 20m 以上、结构较紧密的均质土坡。每一阶小平台的宽度和两平台间的高差，根据当地土质与暴雨径流情况确定。一般小平台宽 1.5～2.0m，两平台间高差 6～12m。干旱、半干旱地区，两平台间高差大些；湿润、半湿润地区，两平台间高差小些。无论如何，削坡开级后应保证土坡稳定。

（4）大平台形。大平台一般开在土坡中部，宽 4m 以上。平台具体位置与尺寸，需根据《地震区建筑技术规范》对土质边坡高度的限制确定。大平台适用于高度大于 30m，或在 8 度以上高烈度地震区的土坡。大平台尺寸基本确定后，需对边坡进行稳定性验算。

（二）石质坡面

石质坡面的削坡开级，除坡面石质坚硬、不易风化外，削坡后的坡比一般应缓于 1:1。此外，削坡后的坡面应留出齿槽，齿槽间距 3～5m，齿槽宽度 1～2m。在齿槽上修筑排水明沟和渗沟，一般深 10～30cm，宽 20～50cm。

（三）削坡后坡面与坡脚的防护

削坡开级后的坡面应采取植物护坡措施。在阶梯形的小平台和大平台形的大平台中，宜种植乔木或果树，其余坡面可种植草类、灌木，以防止水土流失，保护坡面。

在削坡之后，由于施工等原因导致的土质疏松有可能会产生整体塌陷的坡脚处，要修建墙体加以保护。此外，无论土质削坡或石质削坡，都应在距坡脚 1m 处开挖防洪排水渠，排水渠断面尺寸根据坡面来水情况计算确定。

（四）均质土边坡稳定性计算

削坡开级需要对分级层次的坡度和分级高度进行稳定性计算，以此来决定分级方式是不是既具有经济优势又具有安全条件。在土质相对均衡的边坡中，稳定性计算通常使用分条法。

三、挡土墙

挡土墙顾名思义就是设置在边坡下部利用挡土墙这一墙体来阻挡泥沙石块下滑的设施。挡土墙一般有石料堆砌的、混凝土浇灌的以及钢筋混凝土结构的三种。根据挡土墙结构的不一样，又可以把挡土墙划分为重力、半重力式、均衡式、悬臂式等。

水土流失综合防治措施中，最有效也是最熟知的是重力式的挡土墙设施。重力式挡土墙依靠自身的重力来阻挡泥沙石块的冲击，保持边坡下的稳定和安全。常见的类型有石块重力式、混凝土挡土墙。钢筋混凝土挡土墙较少，只有很少的混凝土挡土墙会在墙体内加钢筋，且只在重要位置加少量。

重力式挡土墙按照结构不同有三种区分：仰斜式、直立式和俯斜式（图4-22）。

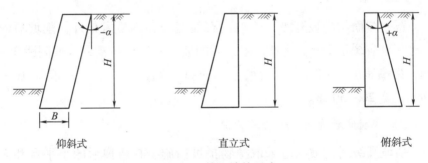

仰斜式   直立式   俯斜式

图4-22 挡土墙的形式

挡土墙的作用是为了稳定此边坡底部时，仰斜式挡土墙的背部受到边坡土的压力是三种类型中最小的，俯斜式则最大。当边坡是挖方的时候，应当修建仰斜式，原因是其能和边坡的土壤进行紧紧地贴合；当边坡采用填方之时，宜采用俯斜墙背或垂直墙背，以便填土，容易夯实。墙前地形平坦时，用仰斜式较好；墙前地形较陡时，用仰斜墙会使墙身增高很多，用垂直式较好。在三类挡土墙中，效果由优到差分别是仰斜式、直立式和俯斜式。

有时需要更大程度地减小边坡底部土带给挡土墙的压力，还需要通过增加挡土墙背部与边坡的截面形状来达到这一效果。通过在墙身背部增加一个减压平台来达到减小墙身所受压力，如图4-23所示。减压平台的设置通常在墙后中部位置，长度以接近边坡滑动面为最适宜。

图4-23　减压平台

（一）挡土墙布置原则

（1）在山体滑坡或者发生变形的边坡，挡土墙应该布置在边坡下部或者不易滑坡的位置。

（2）边坡滑动面的出口在坡底而且附近地形较平缓时，挡土墙应该布置在离坡面一定距离之外，在间距中使用泥土和石料加以填充，以此来增加防滑能力和减小墙体压力。

（3）在滑动面的出口出现在斜坡上时，需要依据滑床的地质条件来布置挡土墙的位置。

（4）边坡出现多级的滑坡时，可以同时布置多级的挡土墙。

（5）挡土墙还可布置不同截面，这需要依据边坡的地质特点、地形状况、滑坡的压力变化等因素确定。

（6）在河沟地形设置的挡土墙要留意墙后的水流情况。水流不顺易产生旋涡，并对部分区域进行冲击，不利于边坡及挡土墙的稳定。

（二）挡土墙设计

挡土墙的主要作用就是防止边坡的崩塌，所以，挡土墙自身的坚固程度和稳定性尤为重要。还有一点就是地基的承载能力，同时也是地基的稳定性。挡土墙底部受到的压力需要小于地基的承载能力，保持挡土墙和地基的稳定。在布置挡土墙时，需要先根据坡面的实际情况来设计挡土墙的类型和实际的大小，其次再进行承载能力的计算。

1. 挡土墙稳定性及强度分析

（1）挡土墙的受力主要有三种：主要力、附加力以及特殊力。

1）主要力。主要力指的是滑坡产生的推力、墙体自身的重力、墙体顶部的荷载力、墙体背部和第二破裂面中间的荷载力、基底法向反力和摩擦力、正常水位静水压力以及浮力。

2）附加力。附加力指的是静水水位压力以及浮力大小、水位下降时动水的水位压力、水浪的压力、低温冻胀的压力以及温差产生的影响等。

3）特殊力。特殊力是一系列未知的、突发性的力，比如地震、其他特别的力等。

挡土墙的受力情况通常只要考虑土层带来的压力即可，但是在特殊的情况、特殊的地区中，还要考虑各种突发的、特殊性的以及附加的力。

位于挡土墙前面的被动土造成的压力我们通常不会计算在内，但是在有些情况下，比如地基埋藏稳定，且并没有对应的水流等一系列的条件影响时，可以考虑被动土造成的压力。

（2）依据挡土墙在使用过程中是不是发生了移动以及移动的方向，可以把挡土墙受到的压力分为主动、被动和静止土压力。

通常来说，单独建造在地基上的挡土墙都会受到主动土压力的影响。所以，接下来我们论述这一压力的计算。

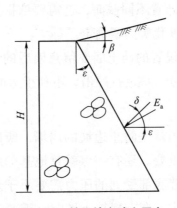

图 4-24　挡土墙主动土压力

以重力式挡土墙为例，其受到的主动土压力可以依据挡土墙高度及其后部所填土的性质、填土顶面坡脚等因素的影响，可以用数学公式将其表达为：

$$E_a = \frac{1}{2}\gamma H^2 K_a \tag{4-33}$$

式中：E_a 为作用在挡土墙上的主动土压力，kN/m；H 为挡土墙高度，m；γ 为挡土墙墙后填土容重，kN/m³；K_a 为主动土压力系数，可按下式计算：

$$K_a = \frac{\cos^2(\varphi - \varepsilon)}{\cos^2\alpha\cos(\varepsilon + \delta)\left[1 + \sqrt{\dfrac{\sin(\varphi + \delta)\sin(\varphi - \beta)}{\cos(\varepsilon + \delta)\cos(\varepsilon - \beta)}}\right]^2} \tag{4-34}$$

式中：β 为挡土墙后填土表面坡角，(°)；ε 为挡土墙墙背面与铅直面的夹角，(°)；φ 为挡土墙墙后回填土的内摩擦角，(°)；δ 为挡土墙墙后填土对墙背的摩擦角，(°)。δ 值可按表4-6采用。

表4-6 δ 值

挡土墙墙背面排水状况 δ 值	挡土墙墙背面排水状况 δ 值
墙背光滑，排水不良 $(0.00 \sim 0.33)\,\varphi$	墙背很粗，排水良好 $(0.50 \sim 0.67)\,\varphi$
墙背粗糙，排水良好 $(0.33 \sim 0.50)\,\varphi$	墙背与填土之间不可能滑动 $(0.67 \sim 1.00)\,\varphi$

对于重力式挡土墙、当墙后填土表面水平时，主动土压力系数可按下式计算：

$$K_a = \tan^2\left(45° - \frac{\varphi}{2}\right) \tag{4-35}$$

在以黏性土为挡土墙后方的填土时，一般使用等值内摩擦角的计算方法来计算挡土墙后受到的压力大小。等值内摩擦角的确定可以依据挡土墙的结构以及高度大小、填土的土壤性质以及是否渗有水分等因素的具体情况而定。

等值内摩擦角法就是把墙后黏性填土的内聚力折算成所谓的等值

内摩擦角 φ_D，也就是说适当加大土的内摩擦角，把内聚力概括进去，而后按式（4-33）计算主动土压力，这样计算简单，关键是怎样确定等值内摩擦角。实用上，对一般黏性土，地下水位以上常设 $\varphi_D = 35°$ 或 $30°$，地下水位以下用 $30° \sim 25°$。但是，等值内摩擦角并非一个定值，随墙高而变化，墙高越小，等值内摩擦角越大。如墙高为定值，则等值内摩擦角将随内聚力的增加而迅速递增。计算表明：对于高墙而填土土质较差时，用 $\varphi_D = 35°$ 计算，偏于不安全；对于低墙而填土土质较好时，用 $\varphi_D = 35°$ 计算，却又偏于保守。可见用一个等值内摩擦角来代替填土的实际强度，不能很好地符合实际情况，也并不都偏于安全。最妥当的办法还是根据土的 c、φ 值来计算相应的 φ_D 值而后加以选用。

（3）挡土的墙结构稳定性和强度大小的计算。

要防滑稳定计算土壤土质地基和软质岩石地基上的挡土墙基底的应力大小需要符合以下的要求。

通过各类计算，挡土墙平均基底所受到的应力大小需要小于地基所允许的最大承载力，最大基底所受到的应力大小需要小于地基允许最大承载力的 1.2 倍。

挡土墙的基底所受到的应力的极值之间的比值要小于允许值见表 4-7。

表 4-7　　φ_0、c_0 值

土质地基类别	φ_0 值/°	c_0 值/kPa
黏性土	0.9φ	$(0.2 \sim 0.3)c$
砂性土	$(0.85 \sim 0.9)\varphi$	0

在硬质岩石地基上的基底所受到的应力大小计算需要符合下面的要求：

1）在各种计算情况下，挡土墙最大基底应力不大于地基允许承载力。

2）除施工期和地震情况外，挡土墙基底不应出现拉应力；在施工期和地震情况下，挡土墙基底拉应力不应大于 100kPa。

挡土墙基底应力应按下式计算：

$$P_{\substack{\max \\ \min}} = \frac{\sum G}{A} \pm \frac{\sum M}{W} \tag{4-36}$$

式中：$P_{\substack{\max \\ \min}}$ 为挡土墙基底应力的最大值或最小值，kPa；$\sum G$ 为作用在挡土墙上全部垂直于水平面的荷载，kN；$\sum M$ 为作用在挡土墙上的全部荷载对于水平面平行前墙墙面方向形心轴的力矩之和，kN·m；A 为挡土墙基底面的面积，m^2；W 为挡土墙基底面对于基底面平行前墙墙面方向形心轴的截面矩，m^3。

土质地基上挡土墙沿基底面的抗滑稳定系数，应按式（4-37）或式（4-38）计算：

$$K_c = \frac{f \sum G}{\sum H} \tag{4-37}$$

$$K_c = \frac{\tan\varphi_0 \sum G + c_0 A}{\sum H} \tag{4-38}$$

式中：K_c 为挡土墙沿基底面的抗滑稳定安全系数；f 为挡土墙基底面与地基之间的摩擦系数，可由试验或根据类似地基的工程经验确定；$\sum H$ 为作用在挡土墙上全部平行于基底面的荷载，kN；φ_0 为挡土墙基底面与土质地基之间的摩擦角，（°）；c_0 为挡土墙基底面与土质地基之间的黏结力，kPa，可按表4-7选用。

黏性土地基上的1级、2级挡土墙，沿其基底面的抗滑稳定安全系数宜按式（4-38）计算。

岩石地基上挡土墙沿基底面的抗滑稳定安全系数，应按式（4-37）或下式计算：

$$K_c = f' \frac{\sum G + c' A}{\sum H} \tag{4-39}$$

式中：f' 为挡土墙基底面与岩石地基之间的抗剪断摩擦系数；c' 为挡土墙基底面与岩石地基之间的抗剪断黏结力，kPa，可按表 4-8 选用。

表 4-8　f'、c' 值

岩石地基类别		f' 值	c' 值/MPa
硬质岩石	坚硬	1.3～1.5	1.3～1.5
	较坚硬	1.1～1.3	1.1～1.3
软质岩石	较软	0.9～1.1	0.7～1.1
	软	0.7～0.9	0.3～0.7
	极软	0.4～0.7	0.05～0.3

当挡土墙基底面向填土方向倾斜时，沿该基底面的抗滑稳定安全系数可按下式计算：

$$K_c = \frac{f(\sum G\cos\alpha + \sum H\sin\alpha)}{\sum H\cos\alpha + \sum G\sin\alpha} \tag{4-40}$$

式中：α 为基底面与水平面的夹角，（°），土质地基不宜大于 7°，岩石地基不宜大于 12°。

挡土墙沿基底面的抗滑稳定安全系数，不应小于规定的允许值。

按表 4-7 的规定采用 φ_0 值和 c_0 值时，应按下式折算挡土墙基底面与土质地基之间的综合摩擦系数：

$$f_0 = \frac{\tan\varphi_0 \sum G + c_0 A}{\sum G} \tag{4-41}$$

式中：f_0 为挡土墙基底面与土质地基之间的综合摩擦系数。

对于粘性土地基，如折算的综合摩擦系数大于 0.45；或对于砂性土地基，如折算的综合摩擦系数大于 0.50，采用的 φ_0 值和 c_0 值均应有论证。对于特别重要的 1 级、2 级挡土墙，采用的 φ_0 和 c_0 值宜经现场地基土对混凝土板的抗滑强度试验验证。

挡土墙基底面与岩石地基之间的抗剪摩擦系数 f' 值和抗剪断黏结力 c' 值可根据室内岩石抗剪断试验成果，并参照类似工程实践经验及表 4-8 所列数值选用。但选用的 f'、c' 值不应超过挡土墙基础混凝土本身的抗剪参数值。

抗倾覆稳定计算挡土墙的抗倾覆稳定安全系数可按下式计算：

$$K_0 = \frac{\sum M_V}{\sum M_H} \tag{4-42}$$

式中：K_0为挡土墙抗倾覆稳定安全系数；$\sum M_V$知为对挡土墙基底前趾的抗倾覆力矩，kN·m，$\sum M_H$为对挡土墙基底前趾的倾覆力矩，kN·m。

挡土墙抗倾覆稳定安全系数应不小于规定的允许值（见表4-9）。

表4-9　土质地基上挡土墙抗倾覆稳定安全系数 K_0 允许值

荷载组合	挡土墙级别			
	1	2	3	4
基本组合	1.60	1.50	1.50	1.40
特殊组合	1.50	1.40	1.40	1.30

还有一点需要明确，当挡土墙下部的地基不稳定或者具有松软土层时，挡土墙还要整体的稳定性计算。

2. 挡土墙基础设计

地基在挡土墙的稳定性中发挥着很重要的作用，地基不稳或者建设不当很容易引发挡土墙的一系列问题。在地基的设计以及建造过程中要充分考虑实际情况，结合当地的地质特征，决定地基的质地以及放置的深度。

（1）基础放置深度。挡土墙的地基放置深度需要依据受力的土层的允许承载能力、受到冻结的深度以及水流冲击作用等因素的影响来确定。在常见的土质地基上，地基的深度与冻结因素相关，应该大于冻结深度0.25m，同时大于1m；在受到流水冲击的作用下，地基的位置应该在冲击线以下且大于1m；在石质地基上，需要按照石质岩石的类别，根据类别不同，地基在岩石中的深度也不一样（见表4-10）。

表 4-10　挡土墙基础嵌入岩层尺寸

地址类别	D/m	L/m	嵌入示意图
较完整的硬岩层	0.25	0.25 ~ 0.5	
一般硬岩层	0.6	0.6 ~ 1.5	
软岩层	1	1.0 ~ 2.0	
土层	≥1.0	1.5 ~ 2.5	

（2）扩大基础设计。当挡土墙受倾覆稳定、基底应力控制时，可用扩大基础，即加设墙趾台阶的方法解决。将墙趾部分加宽成台阶，或墙趾墙踵同时加宽，以加大承压面积。具体扩宽的大小应该依据地基应力需调整的大小和扩宽之后的合力偏心距的大小来确定，通常情况下，不得少于20cm。

当地基铺设在松软土质的泥土上时，一般通过加填另一种土壤的方式来解决地基下承重力不够的问题。

修建在土壤质地的地基上的挡土墙通常会同时在其底部修建齿墙。齿墙起到的主要作用是固定作用，其深度一般是 0.5 ~ 1m。

3. 挡土墙的构造分析

强度大小和是否稳定是挡土墙构造中最重要的因素，同时还应该考虑建材、经济条件、地质条件、建造及养护等条件来综合确定。

（1）墙身构造。重力式挡土墙的墙面通常使用 1:0.05 ~ 1:0.2。垂直式挡土墙适用于墙高比较小的情况下。此时，墙背部可以作成倾斜、垂直或者台阶形状。仰斜式挡土墙施工不变，但是其背部坡度较缓，能够减小所受到的土压。通常倾斜角度要大于1:0.25。面坡的选择应该和背坡尽量保持平行的关系，可以使用1:0.25的比例。俯斜式挡土墙墙背的坡度比例较小，要小于1:0.36。通常挡土墙地基的宽高之比是 1:2 ~ 2:3。如过墙身比较矮小、所受到的荷载力相对较小，可以采用前极值。使用混凝土块或者是块石进行修筑的挡土墙，其墙顶部的宽度需要大于0.5m。

（2）排水设施。排水孔的设置有利于使挡土墙后的水排出，其尺寸可视泄水量大小分别采用 5cm × 10cm、10cm × 10cm、15cm × 20cm

的方孔，或直径 5～10cm 的圆孔。泄水孔间距一般为 2～3m，上下交错设置。最下方的排水孔应该比地面高处 0.3m 左右，水中的挡土墙最下方排水孔需要高于水面 0.2m。假如挡土墙后部的渗水量比较大，就需要依据实际增加排水孔或者加大排水孔的直径。排水孔进水口要设置过滤层，排水孔以下要布置好隔水设施，避免水的下渗。过滤层的设置根据挡土墙后的填土的透水性来布置。如果其透水性差，需要在最下方排水孔到墙顶下 0.5m 之间布置过滤层；如果其透水性较好，就不需设置。挡土墙后填土如果是膨胀性的粘土，过滤层还要更厚。

（3）沉降缝以及伸缩缝。挡土墙的修建中还要兼顾修建沉降缝和伸缩缝，这是依据地基的压力变化、墙的高度、土壤受到的压力等情况来决定的。通常来说，10～20m 就可设置一条，浆砌石的两缝是 10～15m 设置一条。具体的情况有差异，距离也可适当调整。沉降缝内部填入麻筋等防水性的材料。有一点要注意，以沉降缝分开的隔断挡土墙要在同一块地基上。

4. 材料方面的要求

（1）在石料丰富的地区，可以使用块石，并以水泥浇灌。

（2）石料的条件需要满足以下要求：单块重量要大于或等于 25kg，中部厚度大于 0.2m，石料的强度等级要大于或等于 MU50，同时还应满足软化系数大于等于 0.75 以及风化作用小，没有缝隙等。

（3）使用水泥浆砌石时，其水泥浆强度等级通常要 M7.5 的标准，部分被水浸入的区域为 M10，水泥浆为 M10。

（三）设计、施工注意事项

挡土墙施工与一般土建工程施工有相同的共性，但也有其特殊性，下面仅给出挡土墙施工时应注意的事项。

（1）挡土墙地基的设置要谨慎。当设置在岩层上时，要剥去其表面风化物质；设置在土质地基上时，要进行压实或填土处理。

（2）修建在水中的挡土墙要使用抗水材料的水泥浆。否则，也要采取防水措施。

（3）挡土墙在修建的时候，不可修建成水平的通缝；墙趾台阶的转折处，不可以做成竖直的通缝。

（4）挡土墙墙体修建出地面以后，需要及时将土填回，同时要修一条大于4%的小水沟，导出积水，以保证墙体的稳定。

（5）在修建挡土墙之前要先修建排水网，确保地基处水能及时排除，以确保施工的安全性。

（6）在浸入水中的挡土墙修建时，墙后的回填要使用透水性好的材料，快速排水，降低水压对挡土墙的压力。

四、滑坡及其防治

滑坡是极其严重的地质灾害，不但导致水土流失，而且危及国家财产和人们的生命安全。黄土高原地区沟深坡陡，地形复杂，沟道下切和侧蚀以及工程建设开挖等极易导致自然或人工边坡失稳，发生滑坡，各种损失惨重。因此，需要加强重点区域坡面监测，采取综合措施对坡面实施治理，防止滑坡等地质灾害的发生，保证人民生命财产安全。

（一）滑坡预防

滑坡的发生会对人民群众的生命财产安全造成巨大的威胁。在滑坡的防治中，主要以预防为主，所以，在山地勘验、技术设计、现场施工以及后期的利用过程中要谨小慎微，防止滑坡的产生。

针对滑坡可能性大的地区，要做好以下几个条件。

（1）在修建前的勘查工作上加大力度，仔细分析修建地区的自然或者人为的边坡是否稳定。尤其需要注意的是由于工程的修建对原本的地质条件等产生的影响。需要对可能形成或者之前形成过滑坡的地区加强改造、预防工作。防止滑坡的产生首先需要对水的条件加以控制，完善以自然排水为主的排水系统，必要时辅之以人工排水方式。修建截水沟时，要注意其坡度需要大于自然边坡的坡度，同时注意防止水的渗透或者沟道的堵塞。在修建时，要最大限度地保护好原有的地标植被，在地形中有缝隙时要尽量修补。

（2）修建时，还需要最大限度地排除外界因素的影响。比如，爆破作业中，必须考虑山坡的稳定性，还应很好的保护好施工现场的天然排水体系，发现问题要及时修复。

（3）在日常使用中，要注重保养。如何使用以及使用中的保养作用也是影响边坡是否能够长久保存发挥作用的重要因素。在养护中发现设施出现裂缝时，必须找出原因，及时修复。平时也要注重沟渠的疏通工作，确保排水系统正常。

（二）滑坡的整治

滑坡的整治最好是在滑坡产生的初期就抓紧进行。及时深入地发现滑坡产生的内外部原因，针对问题，使用对应的整治措施。

加强排水、减少重量、增加护坡、设置支挡等都是整治滑坡问题的手段。如果是由于水分因素诱发的滑坡，则需要加强排水，并用必要的支挡，减弱或者排除水分的影响；如果滑坡是因为切割坡脚的原因，就需要用设置支挡同时适当运用减少重量等措施来解决。

面积较小的滑坡通常只需要加强排水。平整坡面、填实缝隙等方法来解决。但是对于中型、大型的滑坡，则需要辅之以必要的减少重量、加排地下水、使用支挡等措施结合的综合治理手段。

排水主要是排除滑坡范围内外的地表水和地下水。

1. 滑坡范围以外的排水

地表水通常采用拦截以及引流的方法来排除。在滑坡情况可能产生的边缘 5m 以外修建一条或者多条的排水沟。排水沟通常用水泥浆砌石修建，防止渗透。在使用水泥浆砌石的同时也可以利用天然水沟来设置排水。在使用天然水沟的时候，要重视水沟的防渗透和防堵塞。原因是，天然水沟的水流向滑坡的时候容易渗水，加剧滑坡现象；天然水沟从滑坡流出时，如发生堵塞水不易排出同理也会加剧滑坡现象。

通常使用截水盲沟的方法来拦截地下水的流动。盲沟一般修建在滑坡范围边缘外 5m 左右的稳定地质条件中，且和地下水正面相交。盲沟的形状应该是折线或者环形。其底部宽度要大于或等于 1m，在水沟的背水的一侧要设置防水层，厚度通常是 0.4m 左右；在面向水流的一侧要设置过滤层。盲沟的底部用水泥浆砌石块修筑，形状为凹状，底部的厚度要大于或等于 0.3m。截水盲沟的埋藏深度通常应该位于最底部的不透水的坡度大于 4% ~ 5% 的基岩内。在盲沟内铺设小石头或者粗颗粒的沙子以利排水。盲沟一般长而深，为便于日常养护，每隔

50m 左右以及部分转折处要布置井口以便于查看。

2. 滑坡范围内的排水

地表水因素，首先应注意防止渗水和尽快汇集并引出滑坡体范围外为原则。防渗和排水措施常在滑坡体以外的排水系统完成后仍不能制止滑坡时才设置，对大型滑坡，则常同时设置。

为防止积水下渗，应对天然边坡整平夯实（包括裂缝处理，必要时用粘土水泥砂浆封口）。排除地表水可利用天然沟谷布置成树枝状排水系统，排水主沟应与滑坡滑动方向大体一致，支沟则与滑动方向斜交成 30°~45°。排水沟每隔 20~30m 一条，用浆砌石砌筑，厚约30cm。在湿地或泉水出露处，应修建渗沟和明沟等引水工程，以减少对滑坡体的供水。此外，还应做好坡面绿化工作，起隔水和疏干作用。必要时，还可加设隔水层。

地下水因素，整治手段以疏导为主，通常情况下使用支撑盲沟的方法。支撑盲沟一般布置在地下水露头以及因水含量过高而导致土层塌陷的位置。支撑盲沟的形状为"IVI""YYY"以及"Ⅲ"的形状，支部的盲沟可以延伸到滑坡的外部。间距视土质情况采用6~15m。沟深一般从 2m 到十几米不等，宽度视抗滑要求和施工方便而定，沟底一般设置在滑动面以下 0.5m 的稳定地层中，纵坡2%~4%。沟底用浆砌片石铺砌，内部堆砌坚硬片石，沟顶用大块片石铺砌表面，也可用黏土夯填，厚度至少 0.5m。沟侧两面应设置反滤层，一般 2~3 层，每层厚 10~20cm，其成分和粒径大小视含水层土质状况以及其中的填土的类型来决定。

位于河边的边坡经常因为水流的作用而产生滑坡，可以在河流的上游修建丁字坝，引导水流流向滑坡对面一侧。同时，还需要在坡前布置石笼等，使坡脚避免进一步受到河水的冲刷。当滑坡的位置在河道弯曲处，且河道改道较为容易，可以通过改道来解决。当山谷的坡脚由于河水水流的冲击作用发生滑坡时，可以通过在下游地区修建堤坝来提高水位，利用河岸淤积来达到稳定边坡坡脚的目的。

我们可以使用挡土墙、防滑桩等支挡装置来对滑坡进行防治。支挡结构均应布置在滑坡层以下的稳定底层结构中，这样才能防止支挡与滑坡成为一体并一起下滑。支挡装置常常和排除水流以及减少重量等一起使用。

（1）抗滑挡。土墙通常采用重力式的结构，其使用范围十分宽广，而且效果显著。

抗滑挡土墙应用前，应弄清滑坡的性质（牵引式还是推移式滑坡）、滑动面的层数和位置、滑坡推力等情况。在此基础上，决定是否应用并选择合适的形式，以免防治失效。

设计时的注意事项分为以下几个方面。

1）墙背所受土压力为滑坡推力，一般大于按库仑土压力理论计算所得的主动土压力（但是对中、小型滑坡，如算得的滑坡推力不大，还应与主动土压力相比较，取其中较大值进行设计），作用点也较高。对具有明显滑坡带的中、深层滑坡，作用点约在滑动面到墙顶高度的 $1/2.5 \sim 1/2$ 处；对饱和黏土的浅层滑坡，作用点约在滑动面到墙顶的 $1/3 \sim 1/2$ 高度处，其作用方向与墙后较长一段滑动面的方向平行。

2）重力式抗滑挡土墙一般体型矮胖、胸坡平缓（常用 $1:0.3 \sim 1:0.5$）。为增加挡土墙的抗滑能力，对土质地基，基础底面常做成 $1:0.1 \sim 1:0.15$ 的逆坡；对岩石地基，宜使作用在基础底面上的合力与其下岩层层面大致正交，把基础做成 $1 \sim 2$ 个台阶。

3）挡墙的埋置深度应位于滑动面以下，并深入完整的岩层面下不小于 0.5m，稳定土层面以下不小于 2m。

4）确定墙高时，应通过验算以保证滑坡体不致从墙顶滑出。

5）墙身内应设置泄水孔以排出地下水。

施工宜在旱季进行。在一般情况下，不允许在滑坡下部全段开挖地基（特别在雨季），应从滑坡两边向中间分段跳槽进行，以免引起滑坡滑动，或使墙的已完成部分被推倒。

（2）防滑桩。防滑桩通过承受侧向的压力来起到防滑的作用，其适合各种深层次滑坡以及非塑性流滑坡。防滑桩以其安全性高，经济实惠等优点，在日常的运用中十分广泛。

1）防滑桩的布防方法。第一，平面布置。防滑桩一般布置在滑体的下端，就是滑动面比较平缓、滑体的厚度较小且有利于防滑桩固定处，同时还需要兼顾安装的便捷。在中型或小型滑坡中，通常将一排防滑桩设置在滑体的前部边缘，防滑桩的角度应该和滑体的方向垂直。对于力量级较大或者多级的滑坡，可以使用多级防滑桩进行多级防滑，分级处理，或者也可以在防滑处大量设置两至三排、呈品字形的防滑桩。在力量级更大的滑坡中，可以使用防滑桩群或者群柱承台。对于一部分轴向较长且发生了复合滑动的滑体，需要根据具体情况分段布置防滑桩，或者使用多种防滑装置的合成来防滑。

第二，抗滑桩间距。防滑桩的间距可以根据各种因素来进行调整，主要因素有滑坡的推力、防滑桩的类型及长度、防滑桩固定深度及位置、防滑桩固定处的稳定程度、滑坡体的体积及质量、施工工作等。到现在为止，还没有很熟练的计算途径。一般来说，合理的间距需要使防滑桩之间的滑体具备充分的稳定性。通常桩间距为 6 ~ 10m。假如防滑桩之间采用结构连接的方式来防止防滑桩之间的滑体向下滑动时，则防滑桩的间距就全部取决于防滑桩的防滑能力以及其之间的滑体的下滑动力。假如防滑桩布置相对集中，其间距通常可以设置为防滑桩截面的宽度的两倍或者三倍。

第三，桩的锚固深度。防滑桩固定的深度由防滑桩的锚固段传送到滑体画面下部的底层的侧向压应力要小于这个底层的最大侧向抗压强度以及防滑桩底部的压应力要小于地基的承载最大压力的决定。一般来说，防滑桩锚固部布置在滑体滑面下的较为稳定的底层上。防滑桩固定的深度大小是防滑桩能否有效发力的保证。深度不够，以及引起防滑桩失效，滑体部分或全部下滑；深度太深则会造成开发难度高，工程作业浪费。通常情况下，可以使用功能减小防滑桩间隔或者增加防滑桩的牢固程度来在确保防滑桩生效的范围内适度减少固定深度，以节约工程资源。

2）防滑桩桩型的选择方法。防滑桩桩型有多种，常见的有钢筋混凝土桩、钢管桩、H 型钢桩等。

第一，钢筋混凝土桩。钢筋混凝土桩是用得最多的桩型，其断面形式主要有圆形、矩形。圆形断面从 Φ600 ~ 2000mm，最大可达

Φ4500mm。矩形断面可充分发挥其抗弯刚度大的优点，适用于大型滑坡推力较大、需要较大刚度的地方。一般为人工成孔抗滑桩，断面尺寸多为 1000mm × 1500mm、1200mm × 1800mm、1500mm × 2000mm、2000mm × 3000mm 等。钢筋混凝土桩混凝土强度不低于 C15，一般采用 C20。

第二，钢管桩。钢管桩一般为打入式桩，其特点是强度高、抗弯能力大、施工快、可快速形成排或桩群。桩径一般为 D400 ~ D1900mm，常用的是 D600mm。钢管桩适合于有沉桩施工条件和有材料可资利用的地方，或工期短、需要快速处治的滑坡工程。

第三，H 型钢桩。H 型钢桩与钢管桩的特点和适用条件基本相同，其型号有 HP200、HP250、HP310、HP360 等。

（3）锚杆（索）。锚杆（索）固定技术通过把锚固深埋在岩层下，通过锚杆（索）来固定岩体，以阻止岩体产生位移或松动，这一技术在目前得到了广泛的运用。锚杆（索）固定技术能够为岩体提供防滑力，同时也能提升滑移面的抗剪程度，如图 4-25 所示。一般来说，锚杆和锚索都被叫作锚杆，其结构如图 4-26、图 4-27 所示。

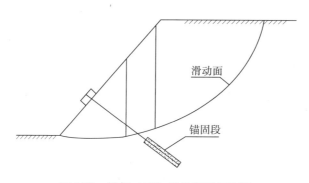

图 4-25　锚杆（索）防治滑坡示意图

锚杆在边坡加固中通常与其他支挡结构联合使用，如锚杆与钢筋混凝土桩联合使用，构成钢筋混凝土排桩式锚杆挡墙（图 4-28）；锚杆与钢筋混凝土格架联合使用形成钢筋混凝土格架式锚杆挡墙（图 4-29）等；还有锚钉加固边坡措施，即在坡中埋入短而密的抗拉构件与坡体形成复合体系，增强边坡的稳定性。锚钉加固边坡在黄土高原地区长输管道边坡防护工程中使用较多。

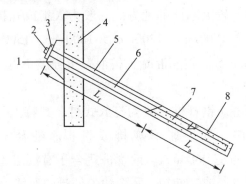

图 4-26　锚杆结构示意图

1-台座；2-锚具；3-承压板；4-支挡结构；5-钻孔；6-自由隔离层；

7-钢筋；8-注浆体；L_f-自由段；L_a-锚固段

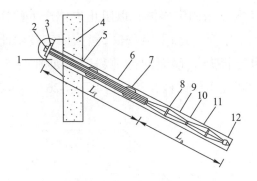

图 4-27　锚索结构示意图

1-台座；2-锚具；3-承压板；4-支挡结构；5-自由隔离层；6-钻孔；

7-对中支架；8-隔离架；9-钢绞线；10-架线环；11-注浆体；

12-导向帽；L_f-自由段；L_a-锚固段

设计注意事项如下。

1）滑坡治理采用锚杆，在其布设前应认真调查与锚固工程有关的地形、场地、周围已有建筑物等周边环境条件，并进行工程地质钻探及有关岩土物理力学性能试验，以确定布设范围、控制深度、结构类型、保护方式等。

2）锚杆的上覆盖土层需保留一定厚度，一般不小于 3.0~4.0m，

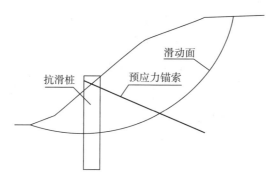

图 4-28　预应力锚索抗滑桩结构

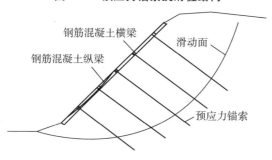

图 4-29　钢筋混凝土格架式锚杆挡墙

以避免上部地表土层受其他荷载等影响而改变受力条件，确保预应力锚杆的锚固段注浆施工质量。

3）锚杆的锚固段一般需设置在稳定、密实的岩土层内，不宜放置在有机质土层、高塑性黏土层、松散的砂土层或破碎岩层等锚固力低且受力后变形量大的岩土层内。

4）锚杆水平与垂直间距宜大于 2.5m，以避免应力集中，同时不得小于 1.5m，以免群锚效应发生而降低锚固力。

5）锚杆倾角与水平面夹角宜在 15°～40°，倾角越大，锚杆承担的锚固力沿滑面的分力越小，抵抗滑坡体滑动的阻力越小，则锚杆的数量或吨位必须加大。

3．锚杆防腐设计

岩层中锚杆的使用寿命取决于锚具及杆体的耐久性，而影响其耐久性的主要因素是腐蚀，所以对锚杆须进行防腐设计。

（1）锚固体防腐。一般腐蚀环境中的永久性锚杆，其锚固段内杆体防腐可采用水泥砂浆封闭，但一定要使用对中定位器使杆体居中，保证其周围水泥砂浆保护层厚度不小于 20mm。严重腐蚀环境中的永久性锚杆，其锚固段内杆体宜用波纹管外套，管内空隙用环氧树脂、水泥浆或水泥砂浆充填，套管周围保护层厚度不得小于 10mm。临时性锚杆因其服务时间不长，如无特殊要求或在不是特别严重的腐蚀环境中，其锚固段一般采用水泥封闭防护，杆体周围保护层厚度不小于 10mm 即可。

（2）自由段防腐。防腐构造必须不影响锚杆杆体的自由伸长。临时性锚杆自由段杆体可采用涂抹润滑油或防腐漆，再包裹塑料布等简易措施防腐。永久性锚杆自由段杆体表面宜涂润滑油或防腐漆，然后包裹塑料布，在塑料布上再涂润滑油或防腐漆，最后装入塑料套管中，形成双层防腐。为防地表水进入锚杆，也可在经过以上处理后，用水泥浆或水泥砂浆充填锚杆自由段的空隙。

（3）锚头的防腐。锚头部位是地表水进入锚杆内部的最危险通道，因此，除对锚头零部件进行防腐外，还应注意封堵和隔离地表水浸入锚杆。永久性锚杆的承压板一般要涂敷沥青，一次灌浆硬化后承压板下部残留空隙，要再次充填水泥浆或润滑油，如锚杆不需再次张拉，则锚头涂以润滑油、沥青后用混凝土封死，如锚杆需重新张拉，则可采用盒具密封，但盒具的空腔内必须用润滑油充填。临时锚杆的锚头宜采用沥青防腐。

减重是通过降低在滑体顶部主滑部分的重量来减小整个滑坡体的下滑力。

刷方减重适用于滑坡床上陡下缓，滑坡后壁及两侧岩（土）体比较稳定的情况。

滑坡体前缘有弃土条件时，可把不很陡的边坡稍加削平，把它堆在坡前成为御土堆，起反压作用，以增加其稳定性。

第三节　流域沟道治理工程措施

沟道是各类侵蚀沟系的总称，是径流泥沙输移的通道。现代侵蚀沟系的发育，多是水力侵蚀与重力侵蚀综合作用的结果。沟道的泥沙大部分源自上游沟谷，小部分源自沟谷上方的集流坡面。一般而言，流域坡面侵蚀和沟道侵蚀互为因果关系，即坡面径流冲刷使沟蚀加剧，沟蚀的扩大又使坡面失稳发生滑坡、崩塌等重力侵蚀，使侵蚀进一步加剧。因此，在治坡的同时还需治沟，沟坡兼治，才能收到较好的效果。

沟道治理工程措施主要有沟头防护工程、谷坊工程、淤地坝工程、拦渣工程等，其主要作用在于拦截沟道内的径流泥沙，减少下游洪灾和泥沙淤积；抬高侵蚀基准面，控制沟道向长、宽和深发展；合理配置和利用沟道内的水沙资源，为农林牧业发展奠定基础。

沟道工程的设计标准应根据具体情况参照国家标准或有关水土保持技术规范确定。

一、沟头防护工程

沟头防护是沟道治理的起点，沟头防护工程的主要作用是拦蓄或安全排泄沟头上方的地表径流，减少沟头冲刷，保护和固定沟头，以免引起沟头前进、沟底下切和沟岸扩张；同时还可拦蓄坡面径流泥沙，减少沟道泥沙输出，提供人畜用水和灌溉用水。

沟头以上坡面有天然集流槽，暴雨时坡面径流由此集中泄入沟头，引起沟头剧烈前进，该处则是修建沟头防护工程的重点位置。

（一）形式及适用条件

黄土地区，沟头防护工程的形式主要有沟埂式、池埂结合式、排水式、分段蓄水式等。

在沟头防护工程中有一种按照等高线设置的截水沟梗，称之为沟埂式防护工程，其主要被安置在沟头的上方，并且依靠沟头等高线来进行布控。在设置的过程中可以根据不同的坡面构造做成连续围堰式（图4-30）或断续围堰式（图4-31）。在相对完整的坡面一般会使用连续围堰式设计，其在布设上呈连续状，主要布设在与沟埂平行的沟沿的沟埂上，每一个截水横档间的距离大概是 5～10m，该设计的优势是可以防止径流集中以及防止缺口等。而断续围堰式则弥补了连续围堰式的不足，其主要设置在坡面较破碎的沟头上，每个沟埂之间互相错开，长度依坡面情况而定。

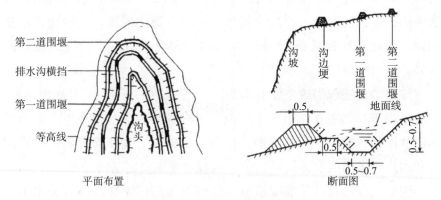

图 4-30 连续围堰式示意图（m）

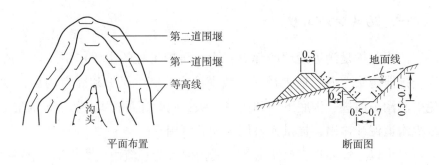

图 4-31 断续围堰式示意图（m）

连续围堰式和断续围堰式因其自身特点所选择的设置位置也不相同，连续式主要设置在坡面较平缓的沟头上，坡面角度在 4°以下最为常见，而断续式则主要针对坡面变化较大，坡度在 15°左右的沟头上。

池埝结合式沟头防护工程是在沟头附近布设蓄水池，并与在沟头沿等高线附近搭设围堰（图 4-32），蓄水池的数量依实际情况而定，位置一般设置在沟头附近较为低洼的路段，便于水的存储。

池埝结合式沟头防护工程适用于沟头集水面积较大、来水量较大的村头道路交叉的沟头地带。我国甘肃庆阳地区称之为涝池围墙式防护工程。

沟埝式以及池埝式防护工程的主要工作原理都是拦截储蓄，避免泥沙等流入沟道。但是这两种防护工程都有一个弊端，那就是当水流比较湍急，水势比较凶猛的时候，如果没有合适的蓄水池作为存储，或者蓄水池不足以支撑庞大的水流介入时就需要引入排水式防护工程。而排水式防护工程较为常见的是悬臂式、台阶式和陡坡式三种形式。

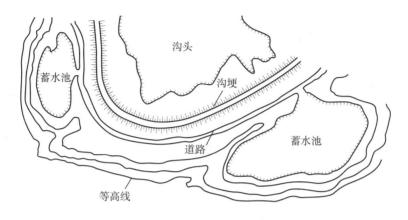

图 4-32　池埂结合式示意图

悬臂式沟头防护工程是在沟头上方水流集中的跌水处，用木料、石料、陶瓷、混凝土等做成槽（或管），使水流通过水槽直接下泄到沟底的一种排水形式。为防水流冲刷跌水壁，沟底应有消能措施，消能措施可为浆砌石做成的消力池，或堆于跌水基部的碎石等（图 4-33）。

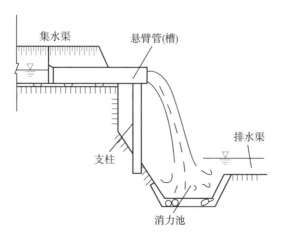

图 4-33　悬臂式排水示意图

悬臂式沟头防护工程一般适用于沟头流量较小、沟头下方落差相对较大（数米至数十米）、沟底土质较好和沟头坡度较陡的地方。

台阶式沟头防护工程也较为常见，其主要适应沟头坡度以及落差较小的地方，但是它的优势是可以处理水流较大的情况。

沟头的坡面角度以及落差不同，所以台阶式防护工程又可分为单级跌水式、多级跌水式两种形式。

单级跌水式设计满足了沟头坡度比较陡峭并且落差在 3 ~ 5m 的沟头需要，这种设计可以使水流一次性直接倾入消力池，如图 4-34 所示。

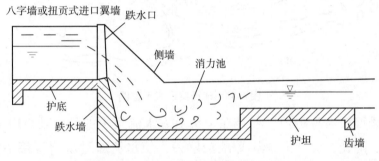

图 4-34 单级跌水式纵剖面示意图

多级跌水式特点是水流经过多个台阶最后泄入消力池（图 4-35）。一般适用于沟头落差较大、地面坡度较缓、土质不良的沟头。

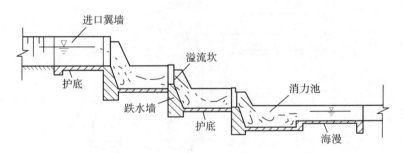

图 4-35 多级跌水式纵剖面示意图

陡坡式防护工程主体采用石料以及混凝土等材料，质地非常坚固，这是因为该设计在遇到急流的时候能够起到很好的阻力作用，特殊的材质可以增加流槽的阻力以及摩擦力。该设计主要应用于沟头落差在 3～5m 以上以及地形降落距离较长、土质良好的沟头，如图 4-36 所示。

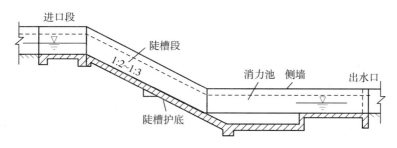

图 4-36 陡坡跌水式纵剖面示意图

分段蓄水式是一种在沟头沟道长而浅的沟段内，分段筑堤拦蓄径流泥沙的一种防护措施。黄土高原地区沟头上的荒"胡同"或壕沟，多有这种情况，东北称之为"竹节壕"。其设计与沟头蓄水池相同。

（二）工程设计

1. 沟埂

（1）沟埂位置确定。沟头防护工程在安装上一定要注意环境的保护以及安全的防护，在设置上要综合考虑周边的地理环境，做到安全保护，避免因蓄水池渗透发生塌方等灾害，一般情况下取 2 或 3 倍沟头深度的距离。

对于沟坡较陡的黄土地区，有时沟坡上存在陷穴或者垂直裂隙，此时安全距离应预留更大。

（2）沟埂断面尺寸设计。断面尺寸取决于沟埂控制集水面积的大小、雨强和降雨延续时间的长短。每米长埂坎拦蓄容积 V 可按式（4-43）计算：

$$V = \frac{1}{2}h_0^2\Big(m + \frac{1}{\tan\theta}\Big)\ (\text{m}^3) \qquad (4\text{-}43)$$

式中：h_0 为埂内蓄水深，m；m 为埂的内边坡，一般采用 1:1；θ 为埂坎上部地面平均坡度，（°）。

各符号，如图 4-37 所示。初步设计时，可取沟埂顶宽为 0.5m，内外边坡均为1:1，埂高0.5~1.2m。

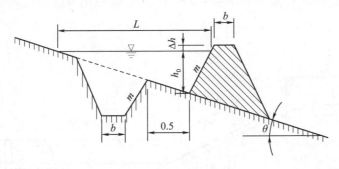

图4-37 沟埂断面示意图

沟埂控制集水面积内的来水量 W 可按式（4-44）计算：

$$W = \frac{ai_pFt}{1000} \ (\mathrm{m}^3) \tag{4-44}$$

式中：α 为径流系数；i_p 为设计频率时的雨强，mm/min；F 为沟埂控制的集水面积，m^2；t 为降雨延续时间，min。

为使沟埂尺寸设计经济合理，常取单位埂坎长上的来水量 W/l（l 为埂坎总长，m）与每米埂坎长蓄水容积 V 相等，即：当 $V = W/l$ 时，尺寸最经济；$V > W/l$ 时，尺寸偏大，应修正；$V < W/l$ 时，应设第二道埂坎拦蓄剩余水量，但须在第一道埂坎上设溢水口。

埂坎总高 h 按式（4-45）确定：

$$h = h_0 + \Delta h \ (\mathrm{m}) \tag{4-45}$$

式中：h_0 为埂内蓄水深，m；Δh 为埂坎安全加高，m，可取0.2m。

2. 沟头蓄水池

沟头蓄水池容积 V 可按其控制集水面积内的来水量 W 设计。池内水深 h_0，池底面积 A 可按式（4-46）求出：

$$V = W \approx h_0 A \ (\mathrm{m}^3) \tag{4-46}$$

根据地形条件确定 A 后，即可求出 h_0。蓄水池总深 $H = h_0 + \Delta h$，Δh 为安全加高，可取0.3~0.5m。

3. 排水管（槽）

（1）沟头来水流量确定。来水流量 Q_m 可按一般水文计算的简化公式（4-47）确定：

$$Q_m = 0.278 \alpha I_p F \ (\mathrm{m^3/s}) \tag{4-47}$$

式中：α 为洪峰径流系数；I_p 为设计频率暴雨量，mm；F 为沟头集水面积，$\mathrm{km^2}$。

具体应用时，径流系数 α 应根据试验资料确定，设计频率暴雨量 I_p 可按最大 30min 的暴雨量计算，一般从各地水文手册查得。

（2）排水管（槽）断面尺寸确定。圆形断面排水管主要是确定管径 d，通常可按无压水管流量公式计算确定。公式形式为

$$Q_m = A K_0 \sqrt{i} \ (\mathrm{m^3/s}) \tag{4-48}$$

式中：A 为系数，取决于管内充水程度，一般取管内水深 $h = 0.75d$，此时 $A = 0.91$；K_0 为管内完全充水时的特性流量，$\mathrm{m^3/s}$，可由表 4-11 查得；i 为排水管管坡，可取 $1/50 \sim 1/100$。

表 4-11　K_0 取信表

d/mm	300	400	500	600	700	800	900	1000
$K_0/\ (\mathrm{m^3/s})$	1.004	2.153	3.900	6.325	8.698	12.406	16.998	22.439

试算时，根据 Q_m 大小先试设一个 d，然后查表计算，当公式右端值与 Q_m 相等或略大一点时，即认为试设的 d 值合理。

对矩形断面水槽，可按式（4-49）计算槽中水深 h 及槽宽 b：

$$h = 0.501 \times \sqrt[3]{\frac{Q_m^2}{b^2}} \ (\mathrm{m}) \tag{4-49}$$

设计时，先假定 b，然后求 h，通常取 $b > h$。槽总深可取为 $h + 0.3 \ (\mathrm{m})$。

4. 跌水式排水

悬壁槽计算公式适用于台阶式中的各级跌水槽中水深以及底宽等的计算，但是前提条件是沟头来水量较小的情况下，而在来水量较大的情况下则需要采用水利工程的设计要求来计算和确定。

跌水的设计原理是连接沟头以及下游消力池，在使用上满足水流呈自由下落的状态流入消力池中。其中跌水需要用引水渠以及泄水渠

来进行连接使用。在跌水中，进口、跌水墙、消力池以及出口是组成跌水的四个部分。现分述如下。

（1）进口由连接段（八字墙式或扭曲面翼墙）和跌水口组成，其作用是保证集水渠水深均匀一致。连接段前端（进口端）须做齿墙深入渠底 0.3～0.5m，以阻止渗透和增加稳定。进口护底及侧墙常用片石或混凝土建造，用片石建造时，厚度为 0.3m；用混凝土建造时，厚度 0.1～0.12m。连接段（渐变段）的长度可取为（2.5～3.0）h，h 为渠道水深。底部边线与渠道中心线夹角不宜大于 45°。

跌水口形式，常采用梯形和矩形断面两种（图 4-38）。梯形断面适用于渠道流量频变且变化较大的情况；矩形断面适用于渠道流量变化较小的情况。

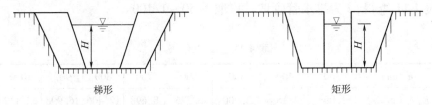

梯形　　　　　　　　　　　矩形

图 4-38　跌水口断面形式示意图

（2）跌水墙。跌水墙是连接跌水口与消力池的建筑物，有直墙式和倾斜墙式两种形式，常用浆砌块石做成，厚度 0.4～0.6m，倾斜面 1:0～1:0.3。跌水墙对跌水安全极为重要，必须可靠，通常可按重力式挡土墙设计。

（3）陡槽。陡槽有矩形和梯形两种断面，梯形断面边坡通常陡于 1:1。较长的陡槽，应沿槽长每隔 5～20m 设一接缝，并在此处设齿坎止水，以减少渗流。槽底及侧墙一般用块石砌筑，厚 0.3～0.5m。

（4）消力池。消力池的作用是消除跌落水流的能量，由池底板、侧墙及跌水墙组成。消力池宽度应大于跌水口宽度，以减小出口流速，防止冲刷下游渠道或沟道。消力池池底及侧墙常用浆砌块石建造，池底也可用砌石混凝土做成，厚度 0.3～0.5m。

（5）出口。出口的作用是将消能后的水流平稳地引入下游渠道，防止剩余能量冲刷渠道或沟道，其形式与进口相同。为使消能后的紊乱水流充分扩散，避免涡流，出口段长度应取为与消力池同长，并在消力池末端做一倒坡（1:2 或 1:3）与下游渠底相连。

跌水水力尺寸计算如下。

1）进口主要是确定跌水口尺寸。跌水口一般为矩形，可按宽顶堰公式计算，即

$$Q_m = Mb_cH_0^{3/2} \tag{4-50}$$

式中：Q_m 为设计流量 m³/s；b_c 为跌水口宽度，m；H_0 为堰顶水头，m，$H_0 = H + V_0^2/2g$ [H 为上游渠道水深，m，V_0 为行近流速（m/s）]；M 为流量系数，对于扭曲面连接 $M = 2.1 - 0.08b_c/H_0$，对于八字墙连接 $M = 2.08 - 0.0075b_c/H_0$，应用范围 $b_c/H_0 = 1.0 \sim 4.5$。

2）陡槽水力尺寸计算。小型陡坡式跌水的陡槽，一般不必计算水面曲线，只计算临界水深 h_k 及正常水深 h_0 即可。

矩形断面临界水深：

$$h_k = \sqrt[3]{\frac{\alpha q_m^2}{g}} \tag{4-51}$$

式中：α 为流速分布不均匀系数；q_m 为单宽流量，$m^3/(s \cdot m)$；g 为重力加速度，m/s²。

梯形断面临界水深用下式试算：

$$\frac{\omega_k^3}{B_k} = \frac{\alpha Q_m^2}{g} \tag{4-52}$$

式中，b_k 为临界水深时的水面宽度（m）；ω_k 为临界水深时的过水断面面积（m²）。

正常水深 h_0 按明渠均匀流公式 $Q = \omega C\sqrt{Ri}$ 试计算求得。

3）消力池水力尺寸计算。消力池尺寸主要是确定池深 d、池宽 b 和池长 L（图 4-39），具体计算详见确定池深的相关内容。

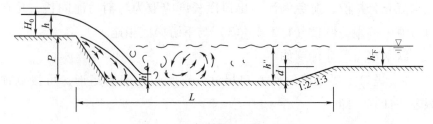

图 4-39　消力池水力计算示意图

池深：

$$d \geqslant \sigma h'' - h_{\text{下}}(\text{m}) \tag{4-53}$$

式中：σ 为淹没系数，取 $1.05 \sim 1.10$；h'' 为跃后水深，按"水力学"方法计算；$h_{\text{下}}$ 为下游渠道水深。

池宽：

$$b \geqslant b_{\text{水}} \tag{4-54}$$

式中：$b_{\text{水}}$ 为跌水口水面宽。

池长：

$$L = \varphi \sqrt{H_0(2P + H_0)} + 3h'' \tag{4-55}$$

式中：φ 为流速系数，采用 1.0；H_0 为跌水口上部水深，m；P 为计入池深的水流落差，m。

消力池断面有矩形及梯形两种，求 h'' 时须分别按"水力学"相关方法求出。

多级跌水设计计算与单级跌水设计计算基本相同。

二、谷坊工程

谷坊是修筑在流域支、毛沟中固定沟床的坝体建筑物，特别是在发育旺盛的或 V 形沟道。谷坊是控制沟道侵蚀的第二道防线，具有将侵蚀基准和沟床抬高以及保证坡脚的稳定性和抑制沟岸扩张的功能，并且谷坊还有减轻山洪灾害、降缓山洪流速、拦蓄泥沙、变荒沟为生产用地等诸多作用。

谷坊工程投资较少，但兴利除害的功能较大，是治理水土流失的一种常用工程措施。

（一）类型及适用条件

谷坊的类型多种多样，主要是因为制作谷坊的原材料各不相同，一般情况下主要有以下几种，分别是土谷坊、石谷坊、植物谷坊以及混凝土谷坊，这些都是按照制作其的材料而命名的。在实际制作中，不同的地理条件以及人力技术发展等因素决定了不同类型谷坊的设置。一般情况下，应就地取材。在黄土区，多修筑土谷坊或植物谷坊；若有充足的石料，则可以修建石谷坊；而混凝土谷坊因为其坚固的物质特征，一般在居民区或者泥石流发生频繁的区域使用。

实践表明，一条沟道内修筑多座谷坊，形成谷坊群后，其控制水土流失的效果较好。

以下仅就常用谷坊类型作简要介绍。

（1）土谷坊。土谷坊是由土料筑成的高度小于5m的小土坝，不透水，顶宽1.0～3.0m，内坡1:1，外坡1:1～1:1.5，坝体与地基以结合槽紧密连接，其断面如图4-40所示。由于谷坊坝面一般不过水，故需在坝顶或坝端一侧设溢水口，溢水口应用石料砌筑。当不设溢流口而允许坝面溢流时，可在坝顶、坝坡种植草灌（灌木）或砌面保护。

在西北黄土高原水土流失严重地区和土质沟道地区，土谷坊广为采用。近年来，有的地方用塑料编织袋装填砂土构筑坝体，不但施工方便，而且能适应地基变形及沉陷要求，可大力推广，其断面尺寸构造如图4-41所示。

（2）石谷坊根据修筑方式的不同，其可分为干砌石谷坊、浆砌石谷坊、石笼谷坊等几种。

干砌石谷坊由干砌块石筑成，顶面和下游面用毛料石护面，高度一般不大于3m，断面为梯形。上游边坡1:0.5，下游边坡1:1.0，底部设有结合槽，用以防渗截水、增加稳定，顶宽1.0m（图4-42）。为了排泄坝内洪水，谷坊顶部可设梯形或簸箕形断面溢流口；下游沟床铺设海漫防冲，海漫长为坝高H的2～3倍，海漫厚0.3～0.5m。

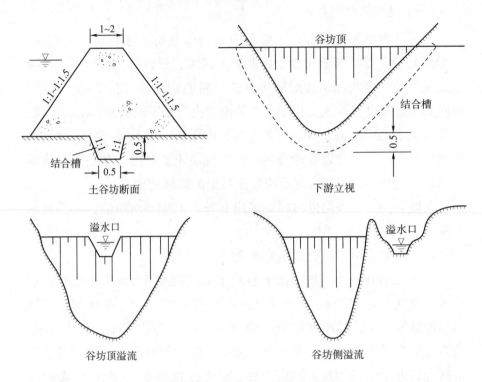

图 4-40　土谷坊示意图（m）

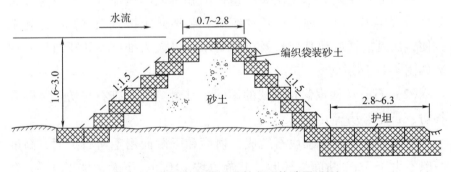

图 4-41　塑料编织袋土谷坊断面构造图（m）

　　浆砌石谷坊用块石或毛料石砌筑而成，断面为梯形（与干砌石谷坊相同）或曲线形（滚水坝）（图 4-43）。梯形断面，上游坡比 1:0.2～1:0.5，下游坡比 1:1～1:1.5，山洪大的沟道，为增大稳定性，上游坡比可取 1:0.5，下游坡比为 1:1.5～1:2.0。顶宽 1.0m，坝基上、下

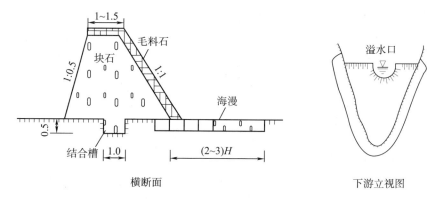

横断面 　　　　　　　　　　下游立视图

图 4-42　干砌石谷坊断面图（m）

游做一齿坎，淤积厚的地基，清基深度在 1.0m 以上，两侧深 0.5 ~ 1.0m。下游为了防冲，须设护坦，其长度与干砌石谷坊的海漫相同。若为岩基，可不设齿坎与护坦。

浆砌石谷坊适用于石质沟道岩石裸露，或土石山区有石料的地方，谷坊高度一般为 3 ~ 5m。浆砌石谷坊坚固安全，防冲性好。其中断面为曲线形的谷坊过流量大，水利工程上叫滚水坝，在常流水沟道或洪水流量变化较大的沟道应用较多，其曲面尺寸可用"水力学"相关公式求算。

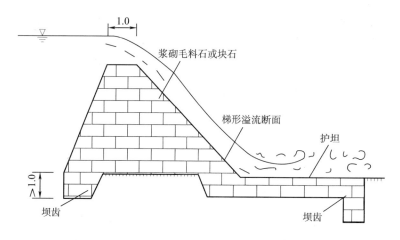

图 4-43　浆砌石谷坊断面图（m）

（3）石笼谷坊。石笼谷坊一般是用 8 号或 10 号铅丝编网，卷成直径0.4~0.5m、长3~5m的网笼，内装石块堆筑而成，南方网笼可用毛竹编制（图4-44）。

石笼谷坊适用于清基困难的淤泥地基。施工时，为加强其整体性，常将石笼用Φ8和Φ10的钢筋串联在一起。若谷坊不需排水，可在上游填土夯实，网笼间空隙填以小石块或砾石。为防止下游冲刷，可在下游做一定长度（通常为谷坊高的1.5~2.0倍）的石笼护底，护底末端打木桩加固保护。

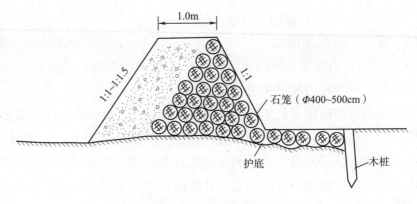

图4-44　石笼谷坊断面图

（4）植物谷坊。植物谷坊是将易成活的柳、杨等植物材料，与土、石等建筑材料结合在一起修筑而成的谷坊。最常用的植物谷坊为柳谷坊。制作柳谷坊的材料主要是活柳枝杆。选取直径5~10cm端直的活柳枝杆，截成长1.5~2.0m的柳桩，将其打入沟底（入土深度0.5~0.8m）；然后，视沟底坡度和沟道宽窄，布设一排、两排或多排柳桩，并用柳条交叉在桩上编篱形成柳排，柳排上游底部铺垫梢枝，上压石块或堆筑塑料编织土袋，即成柳谷坊。

单排柳谷坊（图4-45）只在沟道打一排柳桩编篱即成，双排柳谷坊（图4-46）或多排柳谷坊则需在沟道打两排或多排柳桩编篱。柳桩桩距为0.2~0.3m，排距为1.0m。柳谷坊通常只拦泥不蓄水，北方南方均可应用。

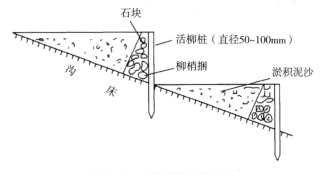

图 4-45　单排柳谷坊断面图

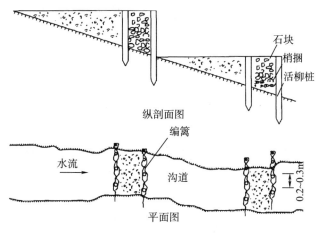

图 4-46　双排柳谷坊断面图

（二）谷坊设计

谷坊设计的主要任务是确定谷坊布设位置、谷坊高度和坝体断面尺寸、谷坊的数量和间距，及其溢流口尺寸。

谷坊的主要功能是降缓水流的流速，从而减少水流对地表的侵蚀作用，针对这些作用导致谷坊一般被布设在直流中，从水流的源头开始布设，以便做到拦截。

在谷坊的布设中，首先要遵守的原则是以量取胜，不要求单一谷坊的体积，而要做到单一体积小，但是体量较大，这样既能控制成本，节约耗材，又可以保证拦截的质量最大化。具体需注意以下几点。

（1）谷坊通常选择在沟底比降大于 5% 的通直沟段布设，避免拐弯处。有跌坎的沟道，应在跌坎上方布设。

（2）根据沟底比降图，从下而上初步拟定每座谷坊位置，谷坊高一般为 2～5m，下一座谷坊的顶部大致与上一座谷坊基部等高（图4-47）。

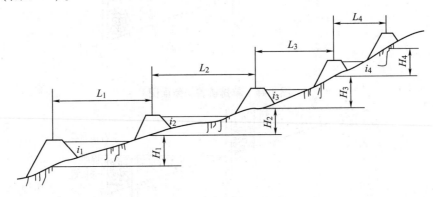

图4-47 谷坊布设示意图

（3）谷坊坝址应选在"口小肚大"、工程量小、库容大的沟段。

（4）坝址处，沟底与岸坡地形、地质状况良好，无空洞或破碎地层，无不易清除的乱石与杂物。

（5）坝址处，建筑材料（土、石、柳桩）取用方便。

1. 高度和坝体断面尺寸

（1）谷坊高度。谷坊高度在确定的时候应该综合考虑地形以及沟床等实际因素，在设置上要做到对资源的合理利用以及确保不影响周边的建筑以及人身安全，并且在保证使用效果的前提下节约资源的投入。谷坊高度通常在5m以下，常见谷坊高为1.5～3m。一般土谷坊小于5m，浆砌石谷坊小于4m，干砌石谷坊小于2m，柴草、柳梢谷坊小于1m。设计时，应根据具体情况综合确定。

（2）坝体断面尺寸。根据《水土保持综合治理技术规范》（GB/T16453.3—1996），土谷坊的断面尺寸，可参照表4-12确定。

表4-12　土谷坊坝体断面尺寸参考表

坝高/m	顶宽/m	底宽/m	迎水坡比	背水坡比
2	1.5	5.9	1:1.2	1:1.0
3	1.5	9.0	1:1.3	1:1.2
4	2.0	13.2	1:1.5	1:1.3
5	2.0	18.5	1:1.8	1:1.5

注：1.5断面尺寸参考表尺寸，可参照表/T16453.3在设置上要做到对资源的合理利用以及确保不影响周边。

2. 数量及间距的相关内容

（1）底坡均匀一致、来水量大致相同的沟道，一般谷坊淤满后形成川台地，此时谷坊的间距 L 与谷坊高 h 可按式（4-56）确定：

$$L = h/i \tag{4-56}$$

式中：i 为沟床比降。

当采用谷坊高度 h 相同时，谷坊数量 n 按式（4-57）确定：

$$n = H/h \tag{4-57}$$

式中：H 为沟道沟头至沟口地形高差。

（2）底坡不均，有台阶或跌坎的沟道，应根据台阶跌坎段间地形高差确定谷坊数量及高度，方法与上述相同。

（3）比降较大的沟道，谷坊淤满之后，淤积泥沙的表面具有一定坡度 i_c（图4-48），称为不冲比降或稳定坡度。考虑谷坊淤满后淤积物的不冲比降，其布设数量将有所减少，此时谷坊间距 L 可按式（4-58）确定：

$$L = \frac{h}{i - i_c} \tag{4-58}$$

式中：i_c 为谷坊淤满后的比降，见表4-13。

表4-13　谷坊淤满后不同淤积物形成的不冲比降

淤积物	粗沙（夹石砾）	黏土	黏壤土	砂土
比降/%	2.0	1.0	0.8	0.5

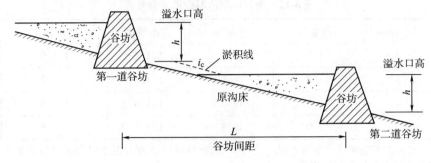

图 4-48 谷坊间距示意图

（4）日本确定沟床工程间距的经验公式。狭窄沟道：

$$L = (1.5 \sim 2.0)p \tag{4-59}$$

宽沟道：

$$L = (1.5 \sim 2.0)b \tag{4-60}$$

式中：p 为沟道纵坡比的倒数；b 为沟宽。

当采用谷坊高相同时，考虑谷坊淤满后淤积物的不冲比降，则谷坊数量 n 按式（4-61）确定：

$$n = \frac{H}{h - L \cdot i_c} \tag{4-61}$$

3. 溢洪口尺寸确定方法

溢洪口有矩形和梯形两种断面形式。石谷坊的溢洪口一般设于坝顶，水力计算采用矩形宽顶堰公式（4-50）；土谷坊的溢洪口设于土坝一端的坚实土层或基岩上，其下部紧接排洪渠，断面为矩形或梯形，其断面尺寸按明渠均匀流公式计算。

溢洪口尺寸确定后，尚须校核溢洪口下游端流速是否小于材料的最大允许流速 $v_{允}$（表 4-14）。下游端（末端）流速 $v_{允}$ 可根据末端临界水深 v_k 按式（4-62）计算：

$$v_k = Q_m/Bh_k \ (\text{m/s}) \tag{4-62}$$

式中：h_k 为下游临界水深，m，根据试验，$h_k = (0.46 \sim 0.64)H_0$ [H_0 为溢洪口顶水深（水头），m]；B 为溢洪口宽，m。

表 4-14 衬砌材料 $v_允$ 表

材料种类	单层铺石	浆砌块石	混凝土	草皮	梢料
$v_允$/（m/s）	2.0~3.0	3.5~6.0	5.0~10.0	1.0~1.5	1.5~3.0

三、淤地坝工程

（一）淤地坝的概念

淤地坝布设的主要目的是拦截水中的淤泥等物质，坝地是储存淤泥的地方。淤地坝最早在我国古代就有使用，古代多用来农田灌溉。比较有名的是距今 150 年的陕西省佳县仁家村的淤地坝以及距今有 200 年之久的山西省离石县贾家源的淤地坝。随着我国经济的发展以及农业发展的需要，我国已建成使用的淤地坝已逾 10 万座之多，坝地面积逾 20 万 hm^2 之多，这些淤地坝主要集中在我国黄河中游地区，并且这些淤地坝的投入使用极大地促进了我国农业的发展以及抑制了黄泥沙的恶性蔓延。可以说淤地坝的使用对于我国黄河流域水土流失的治理工作以及水土资源保持工作起到了至关重要的作用。

20 世纪 50~80 年代，随着水坠法筑坝技术试验研究工作由陕西、山西两省向全国各地发展，以及 80 年代以后水坠法筑坝技术的逐渐成熟及其推广应用，筑坝的施工速度大为提高，投资大幅降低，为淤地坝建设创造了良好的条件。

（二）枢纽工程的组成

淤地坝的组成部分主要有坝体、溢洪道以及放水建筑物这三部分，具体的布置形式如图 4-49 所示。在淤地坝中，坝体主要负责拦截沟道中的水流泥沙等物质，它是淤地坝的第一道屏障，对整体淤地坝的正常使用起到关键的作用。而当坝内的泥沙等成分超过预先设定的正常高度时，溢洪道就会发挥其作用，洪水以及泥沙等会经过溢洪道排除，以保证淤地坝的正常使用。而放水建筑物主要是排泄沟道内的清水，在建筑物的设置上主要以竖井或者卧管为主。

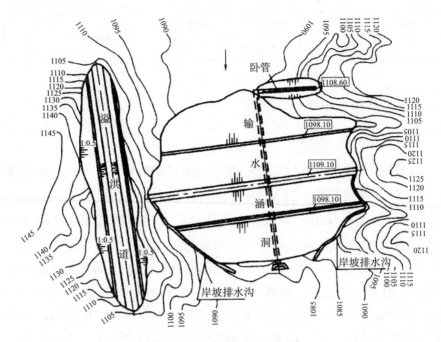

图 4-49　淤地坝枢纽工程组成

　　淤地坝和水库的设计有异曲同工之妙，无论是设计思路、施工方法以及管理方面都很类似，但是却各有千秋。首先淤地坝和水库在组成部分要一致，都需要有坝体、溢洪道以及放水建筑物，但是淤地坝与水库的作用不同，水库主要用于蓄水，而淤地坝则主要用于拦截淤泥，所以在蓄水功能上不及水库有更高的标准和条件，以至于在布设上，淤地坝不用过多考虑坝体渗透以及排水等设备设施。

　　1. 组成方案的选择

　　随着科技的进步与发展，淤地坝在实际布设中也有了很大的改进和创新，而三大件的组成部分也是根据自然环境以及需要的实际情况来进行搭配安装。近年来，新建淤地坝工程多为两大件方案。

　　2. 组成方案的特点

　　（1）三大件组成方案主要针对防洪排水处理，虽然效果明显，使用安全，但是整体工程量浩大，工程难度高，需要耗费大量人力物力，并且在投入使用后的维护费用也比较高。

（2）两大件组成方案主要针对蓄水功能使用，该方案没有溢洪道设置，所以投入少，但是处在上游淹没损失比较严重。

（3）在一些小型荒沟内主要设置一大件方案，该方案投入更小，但是安全性能较差，只能适用于集水面积很小的荒沟内。

3. 组成方案的分析

我国淤地坝防护工程在结构组成上主要依据地方的实际现状，综合考察地形、降雨特点以及该地资源现状等条件来选择。并且以上三种方案组成特点各有利弊，都是针对不同情况而选择，其中在水流面积较为庞大并且洪流较多的区域应当选择含粒量大、以排为主的三大件组成方案，虽然该方案造价高、难度大，但是效果非常明显；其次在流域面积适中并且洪流不太多的区域应当选用两大件方。当然，不管淤地坝选择以上哪种方案组成，背后都需要科技以及人力物力的投入。

（1）三大件方案在拦泥泄洪方面要优于两大件方案，但是两大件方案的特点是可以做到全拦全蓄，从根本上抑制了洪水的泛滥，所以要比三大件方案更加能够拦泥蓄沙。

（2）在防护工程中造价比例最高的部分是溢洪道，两大件方案中因为没有溢洪道的设置，所以在造价方面要远远低于三大件方案。

（3）两大件方案在布设中，因为其工序较为简单，所以操作起来相比更快和更加流畅。并且后期工程维修方便。

（4）综合分析。如果三大件方案和两大件方案在整体布设投入方面以及技术要求方面相似，并且综合考虑两大件方案中所造成的上游淹没损失与三大件方案中溢洪道投资相近时，应该选用三大件方案来进行布设和调整。

如果在实际布设中，资源现状以及交通现状无法满足溢洪道的建设需要，则应当选用两大件的布设方案。

如果在重要的交通枢纽以及人类聚集地有超过 $5km^2$ 的流域面积时，应当选用效果显著且安全的三大件方案进行布设。

控制流域面积小于 $5km^2$，坝址下游无重要建筑物时，应选用两大件方案。

（三）分级及设计洪水标准

在淤地坝的设计中需要有一套完整可行的施工标准，也称工程设计标准，该标准应当切实考虑工程操作的必要性以及危险性，标准需要通过各省市地区来设立执行，具体标准见表4-15。

表4-15 淤地坝设计洪水标准与淤积年限

项目		淤地坝类型			
		小型	中型	大（二）型	大（一）型
库容×10⁴m³		< 10	10 ~ < 50	50 ~ < 100	100 ~ < 500
洪水重现期	设计/年	10 ~ 20	20 ~ 30	30 ~ 50	30 ~ 50
	校核/年	30	50	50 ~ 100	100 ~ 300
预计年限/年		5	5 ~ 10	10 ~ 20	20 ~ 30

注：①摘自《水土保持综合治理技术规范——沟壑治理技术》（GB/T16453.3—1996）；②大型淤地坝下游有重要经济建设、交通干线或居民密集区，应根据实际情况，适当提高设计洪水标准。

（四）枢纽工程布置

（1）土坝布设。土坝轴线要短，大致与沟道水流方向垂直。采用分期加高的土坝，加高时，要考虑最终坝高、坝轴线的位置。当坝上下游还有坝库时，应注意本坝蓄水后，水位不应超过上坝下游坡脚，下坝蓄水后，水位不要淹没本坝下游坡脚。同时须注意溢洪道和放水工程的布设要紧凑协调、操作管理方便。

（2）溢洪道布设。溢洪道轴线力争短而顺直，开挖工程量小，岸坡稳定，进口在坝端10m以外，出口距下游坝脚20~50m以外，转弯半径大于水面宽度的5倍以上。考虑土坝分期加高时，前期工程可只建简易溢洪道（可以是明渠），后期完成永久性工程。

（3）放水洞布设。淤地坝放水洞常见有两种结构形式，一种为卧管式，一种为竖井式。输水洞也有两种形式，一种为无压涵洞，一种为压力管道。放水洞在布设时，卧管轴线与输水洞轴线应垂直或成钝角，输水洞轴线与坝轴线也应垂直，以减少其长度。卧管、输水洞必须布设在坚实地基上，以防不均匀沉陷。卧管消力池或竖井位置应布置在坝体上游坡脚以外，以备以后坝体改建。放水洞进口高程一般比沟床高，出口应在土坝下游坡脚20~30m以外。

（五）坝高、库容及淤地面积的确定

淤地坝坝高、库容、淤地面积，可根据坝址以上流域地形、侵蚀模数（或多年平均输沙量）、坝址控制集水面积和设计淤积年限等确定。

1. 坝高、库容和淤地面积的关系的确定

（1）集水面积计算。淤地坝控制的集水面积可用积仪法、方格法、称重法、梯形计算法、经验公式法求得。

1）积仪法在地形图上划出坝库的集水面积范围，用求积仪量算出此范围内的图上面积，然后乘以地形图比例尺的平方值，即得集水面积。

2）方格法用透明的方格纸铺在画好的集水面积平面图上，数得集水面积范围内的方格数量。根据每一个方格实际代表的面积，乘以总的方格数，得出集水总面积。

3）称重法用精密天平称 $100cm^2$ 透明方格纸，算得每平方厘米重量；用同一透明方格纸描绘集水区范围，剪下称重；根据称得的重量，算得其平方厘米数；按所采用的比例尺，算得集水区面积。

4）梯形计算法将集水面积划分成若干梯形，然后求各梯形面积之和（图 4-50）。

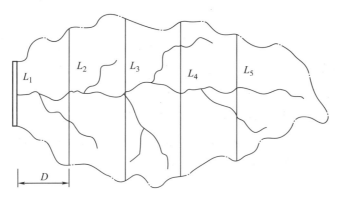

图 4-50　集水面积梯形计算法

每个梯形面积的计算公式为

$$F_n = \frac{L_n + L_{n+1}}{2} \times D \tag{4-63}$$

式中：F_n 为某一个梯形面积，m^2；L_n 为某一个梯形上口宽，m；L_{n+1} 为某一个梯形下口宽，m；D 为上下两个宽度间的距离，m。

5）经验公式法当粗略计算时，可采用以下经验公式：

$$A = fL^2 \tag{4-64}$$

式中：A 为集水面积，km^2；L 为集水面积内的流域长度，km；f 为流域形状系数，狭长为 0.25，条形为 0.33，椭圆形为 0.40，扇形为 0.50。

（2）坝高与库容、淤地面积关系的表示方法。

1）淤地坝在整体设计期间要综合考虑特征曲线法的设计理念，并且根据实际情况进行设计和发挥，通常在实际布设中，首先需要对所要布设的淤地坝坝高以及辐射面积和库容进行曲线设计，实际的曲线绘画方法有等高线法以及断面法两种。

A：通常所指的等高线法是指按照事先整理好的库区地形图算出所有等高线之间的面积以及库容的容量，然后根据所得的数据进行曲线的绘制，如图 4-51 所示，两相邻等高线间的体积为

$$V_n = \frac{A_n + A_{n+1}}{2} \cdot H_n \tag{4-65}$$

式中：V_n 为两相邻等高线之间的体积，m^3；A_n、A_{n+1} 为两相邻等高线对应的面积，m^2；H_n 为两相邻等高线的高差，m，一般取 2～5m。

B：在考虑没有适当库区地形图的时候则需要用横断面积法来进行绘制。横断面积法首先需要获知坝轴线处的横断面，根据该横断面测量出纵断面，之后再根据不同的沟槽来测算出横断面。计算库容时，在各横断面图上以不同高度线为顶线，求出其相应的横断面面积，由相邻的两横断面面积平均值乘以其间距离，便得出此二横断面不同高程时的容积。最后把部分容积按不同高程相加，即为各种不同坝高时的库容。根据这个方法就能得出每个横断面的顶部宽度以及距离，有了这些数据就能很快测算出两个横断面之间的水平面的面积，最后将所有面积相加得出的面积总和即为淤地总面积。

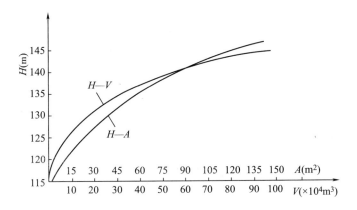

图 4-51　某淤地坝坝高（H）、淤地面积（A）及库容（V）关系曲线

2）概化数学方程。根据已测算出的坝高 H 与库容 V 关系资料、坝高 H 与淤地面积 A 关系资料，经回归分析，用数学方法表示的关系式如下：

$$V = aH^{\alpha} \tag{4-66}$$

$$A = bH^{\beta} \tag{4-67}$$

式中：a、b 为回归分析常系数；α、β 为回归分析指数。

对于一个已知坝，a、b、α、β 可用对数方法（如 $\log V = \log a + \alpha \log H$，$\log A = \log b + \beta \log H$）绘制出 $H - V$、$H - A$ 对数坐标图（图4-52、图4-53）求得。

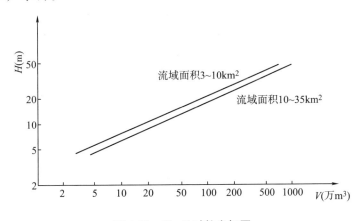

图 4-52　$H - V$ 对数坐标图

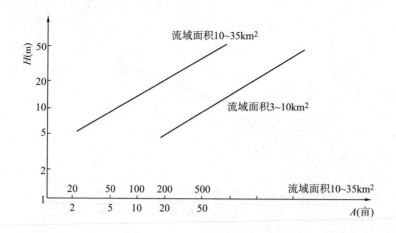

图 4-53 $H - A$ 对数坐标图

例如，对于黄土区，求算结果近似为：

流域面积 $3 \sim 10\text{km}^2$，$\begin{cases} V = 0.09H^{2.252} \\ A = 1.461H^{1.569} \end{cases}$

流域面积 $10 \sim 35\text{km}^2$，$\begin{cases} V = 0.16H^{2.150} \\ A = 1.371H^{1.622} \end{cases}$

黄土高原沟壑区因地形特征差异较大，当流域面积小于 3km^2 时，系数 a、b 差异很大，但数 α、β 差异相对较小，故应用时需单独计算 a、b、α、β。

2. 坝高与库容的确定

淤地坝总高 H 由拦泥坝高 $h_拦$、滞洪坝高 $h_滞$ 和安全加高 Δh 三部分组成（图 4-54），即

$$H = h_拦 + h_滞 + \Delta h \ (\text{m})$$

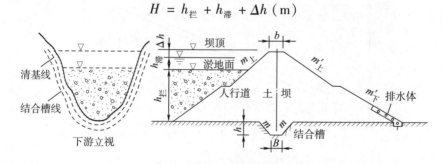

图 4-54 土坝断面结构构造图

淤地坝库容由拦泥库容和滞洪库容组成。拦泥库容的作用是拦泥淤地，故其相应坝高叫拦泥坝高。滞洪库容的作用是调蓄洪水径流，故其相应坝高叫滞洪坝高，也叫调洪坝高。由此可见，拦泥库容和滞洪库容确定后，拦泥坝高和滞洪坝高即可确定。

3. 拦泥库容及拦泥坝高的确定

淤地坝拦泥库容和拦泥坝高存在对应关系，故一个确定，另外一个也随之确定。

淤地坝拦泥库容和淤地面积，通常随拦泥坝高的增大而增大。但因沟道地形特征不同，有的增加快，有的增加慢，故在决定拦泥坝高时，应把拦泥量和淤地面积最大、工程量最小，并能达到"水沙相对平衡"时的坝高作为设计坝高，此时相应的拦泥库容 $V_{拦}$ 比较合理。此外，还需分析坝高、淤地面积、库容的关系曲线，选定经济合理的拦泥坝高，并加上初步估计的滞洪坝高和安全加高（一般为 3.0 ~ 4.0m），估算坝体的工程量。最后，根据施工方法、工期和社会经济情况等综合分析，确定较为合理的拦泥坝高及其拦泥库容。一般情况下，较为合理的拦泥库容 $V_{拦}$ 可根据流域面积、侵蚀模数（或多年平均输沙量）、设计淤积年限、坝库排沙比等，初步按下式确定：

$$V_{拦} = \frac{F \cdot K \cdot (1 - n_s) T}{\gamma_s} \tag{4-68}$$

或

$$V_{拦} = \frac{W_s \cdot (1 - n_s) T}{\gamma_s} \tag{4-69}$$

式中：F 为淤地坝控制的流域面积，km^2；K 为流域年平均侵蚀模数，$t/（km^2 \cdot 年）$，可查阅当地水文手册；n_s 为坝库排沙比，无溢洪道时可取为 0；T 为设计淤积年限，年；W_s 为多年平均输沙量，$t/年$；γ_s 为淤积泥沙的干容重，t/m^3，设计时可采用 $1.3 ~ 1.35t/m^3$。

有了拦泥库容，即可根据 $H - V$ 关系曲线查出相应的拦泥坝高 $h_{拦}$。

4. 滞洪库容及滞洪坝高的确定

滞洪库容为淤地坝库最高设计洪水位与设计拦泥面高程之间的库

容。该库容由枢纽工程组成和坝地运用要求而定：①对三大件枢纽工程，滞洪库容须通过调洪计算确定；②对两大件枢纽工程，可按工程的设计来水总量确定；③对拦泥库容已淤满，种植的作物可能淹没受损时，应将最大淹没水深（一般不大于 1.5m）所对应的库容作为滞洪库容。

滞洪库容确定后，查 $H-V$ 曲线，即可求得滞洪坝高 $h_滞$。

安全加高 Δh 的确定。

安全加高是考虑坝库蓄水后，水面风浪冲击，蓄水意外增大使库水位升高和坝体沉陷等附加的一部分坝高，可按有关规范选定，见表 4-16。

表 4-16 土坝安全加高值表

单位：m

坝高 H	< 10	10 ~ 20	> 20
Δh	0.5 ~ 1.0	1.0 ~ 1.5	1.5 ~ 2.0

四、土坝设计

土坝是由单种或多种土料填筑而成的挡水建筑物。由于土坝对地基要求低，施工技术较简单，能就地取材，所以自古迄今，在国内外广为采用，是淤地坝和小型水库中采用最多的一种坝型。

（一）土坝分类及坝型选择

1. 土坝的分类

（1）按施工方法分，土坝可分为碾压坝和水坠坝（又称为水力冲填坝）。在土料丰富、水源充足、适宜水坠法施工筑坝时，应优先选用水坠坝。反之，可选碾压坝。

（2）按土坝构筑结构、组成材料分，土坝可分为均质坝（用一种土料）、心墙坝（坝断面中部用不透水土料）、斜墙坝（坝上游面用不透水土料或混凝土构筑）、铺盖坝（坝上游库底用不透水土料铺填）等（图 4-55）。目前，均质坝应用最多。

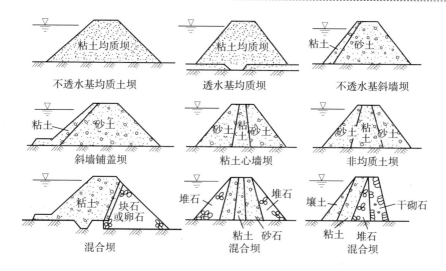

图 4-55 土坝、混合坝断面结构示意图

另外，还可根据筑坝材料情况，建造土、石混合坝。

2. 坝型选择

（1）均质土坝多用黏土筑成，施工方便，我国黄土地区和南方有黏土地区均可采用该种坝型。一般要求土料黏粒含量为 10%～25%，肥黏土不宜用，某些淤地坝也可用砂土筑成。

（2）非均质坝一般用两种土料筑成，透水性小的土料用作防渗体，建筑中心主体，上下游坝面用透水性大的砂土构筑。当地有多种土料存在时，可选用这种坝。黏性土较多地区，有时还可将坝体上游大部分用粘土构筑，下游少部分用砂土构筑。

（3）心墙坝、斜墙坝、铺盖坝、混合坝心墙坝、斜墙坝、铺盖坝、混合坝，究竟选择何种坝型，应根据筑坝土料渗透性大小、土料多少、坝基透水深度（透水层）和施工方便与否，因地制宜确定。

淤地坝的防渗要求小于水库坝，因而常选用均质坝坝型，一般黏土、砂土均可建造。

（二）筑坝土料选择

（1）土料特性试验测定。筑坝土料特性试验测定时，应现场取样，测定指标包括颗粒组成、含水量、干容重、渗透系数、崩解速度、液限、塑限、有机质含量、水溶盐含量、单位黏聚力、内摩擦角等。

（2）碾压坝筑坝土料选择。碾压法筑坝，坝体干容重要求达到 1.55t/m³ 以上，水库坝要求在 1.65t/m³ 以上。施工时，要在现场分层进行测定，符合要求后，方能填筑第二层。黏性土（黄土、类黄土、红土等）、砂土、残积土均可用作筑坝土料。一般要求有机质含量不大于 2%，水溶盐含量不大于 5%，渗透系数在 $1 \times 10^{-7} \sim 1 \times 10^{-6} cm/s$。

（3）水坠坝筑坝土料选择。因施工方法不同，水坠坝要求筑坝土料要具有一定的透水性，遇水易于崩解，脱水固结速度快。通常用土料中的黏粒含量作为以上特性的判断指标（适宜性指标），具体选择（见表4-17）（摘自《水坠坝技术规范》SL302—2004）。

表4-17　筑坝土料控制性指标经验值

项目	均质坝					花岗岩和砂岩风化残积土	非均质坝
	砂土	砂壤土	壤土				花岗岩和砂岩风化残积土
			轻粉质	中粉质	重粉质		
黏粒和胶粒含量/%	<3	3~10	10~15	15~20	20~30	15~30	5~30
砂粒含量/%	—	—	—	—	—	—	60~80
塑性指数	—	—	7~9	9~10	10~13	—	—
崩解速度/min	—	1~3	3~5	5~15	<30	—	—
渗透系数/（cm/s）	$<2.0 \times 10^{-5}$	$1.0 \times 10^{-5} \sim 2.0 \times 10^{-5}$	$1.0 \times 10^{-5} \sim 1.5 \times 10^{-5}$	$3.0 \times 10^{-6} \sim 1.0 \times 10^{-5}$	$1.0 \times 10^{-7} \sim 3.0 \times 10^{-6}$	$>1 \times 10^{-6}$	$>1 \times 10^{-6}$
不均匀系数	—	—	—	—	—	—	>15

注：表中黏粒含量是用氨水作为分解剂得出的。

（三）土坝断面结构构造及尺寸拟定

土坝的整体断面设计思路为梯形设计，在其底部与地基相结合，并且设有独立的结合槽以及下游的排水体。一般情况上下游坝面均有很多的植被覆盖，这是为了防止库水的冲刷以及降水的侵蚀。而梯形复式断面的设计理念主要适用于坝高大于 15～20m 的时候，并且在变化的地段设计水平排水沟。排水沟在设置上遵循水平与纵向交叉原则，这是为了保证将坝坡上产生的径流全部排至沟道内。

土坝坝顶有时会同时作为道路使用，为此，其在设计的同时要考虑公路道路施工标准来进行布设施工。

土坝断面尺寸可先按经验拟定，后通过稳定分析计算确定。

坝顶宽度根据坝高及交通要求确定，一般可按表 4-18 选取。对单行道车道，宽度可取 4.5～5.0m，人力车道可取 2.5～3.0m，若为国道，则须按国道公路标准确定。坝高大于 15m 时，坝顶最小宽度为 4m。

表 4-18　坝高、顶宽与边坡比

项目＼坝高	6～10	11～15	16～20	21～30	31～40	备注
上游坡坝坡比 碾压坝下游坡坝坡比 顶宽/m	1:1.5 1:1.0 3.0	1:1.75 1:1.25 3～4	1:2.0 1:1.5 4.0	1:2.25 1:1.75 4～5	1:2.5 1:2.0 5.0	不考虑交通
上游坡坝坡比 水坠坝下游坡坝坡比 顶宽/m	1:1.5 1:1.25 3.0	1:2.0 1:1.5 4.5	1:2.25 1:1.75 5.0	1:2.5 1:2.0 6.0	1:3.0 1:2.25 7.0	不考虑交通

坝边坡陡缓对其稳定性影响极大，应根据坝高、筑坝土质、施工方法等因素确定，初步设计时可参阅表 4-18 选择，然后进行稳定校核计算，最后定出坝的边坡比。

坝坡马道一般为 1～1.5m 宽，在布设上要做到与平行坝轴线相水平，马道一般设计在坝的中部地段，在设计上通常采用下部坝坡较上部变缓，这样是为了确保在施工时工人比较方便，同时可以用来堆放施工所用材料以及坝坡排水功能等。

为防雨水等冲刷，淤积面以上的上游坝面和下游坝面，都应当具备健全的保护措施。合理的种植草木植被以及花草树木等可以增加降雨流通的阻力，同时在下游坝设置的纵向排水沟也是为了确保坝端的排水系统不被破坏。

坝库水满后，受到水流压力的影响，水会自然向下渗透到坝面坡脚处并且对下游坝坡产生侵蚀现象。所以为了避免这种现象的发生，一般会在下游增加排水体，以疏散水流，增加坝坡稳定性。

常见排水体有下面几种形式。

（1）表面排水。表面排水又叫斜卧式排水，是用砂石料在下游坝坡坡脚最高水位以上 0.5~1.0m 处斜卧设置的排水设施（图 4-56），其顶宽不小于 1.0m，边坡比与坝背水坡相同。表面排水省材料，施工简单，便于维修，但只能防止坝坡冲刷，不能降低浸润线高度，适用于小型土坝坝体排水。

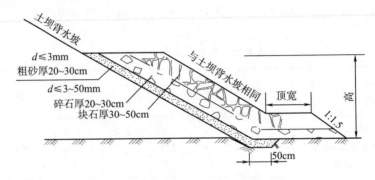

图 4-56 表面排水体结构示意图

（2）棱式反滤排水体排水。如图 4-57 所示，该断面为一个梯形设计，而当其用于均质坝时，反滤排水体高度可采用为坝高的 1/6~1/4，这样可以降低地基透水时的高度，但是当下游有水时，则应当高出最高水位的 0.5~1.0m 以上。对比而言棱式反滤体排水能够很好地降低坝体浸润线高度，但是其在布设上耗材比较大，多用于大中型土坝工程中。

（3）水平砂沟（褥垫）排水。对于不透水或者透水性能较差的地基通常采用带水平砂沟（褥垫）的排水体，如图 4-58 所示，这有利于对坝内水分的充分吸收和排泄。

除上述三种形式外，还有类似的组合式排水、管式排水等。

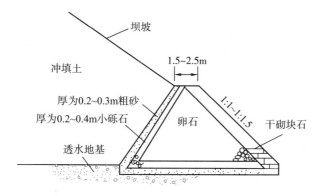

图 4-57 棱式反滤排水体结构示意图

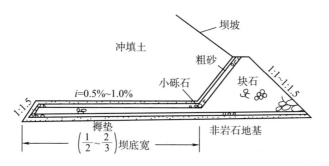

图 4-58 水平砂沟（褥垫）排水体结构示意图

（四）土坝稳定分析计算

1. 稳定分析计算的目的

土坝的组成部分大多为散粒状的土料，土坝一旦布设成功，其本身是非常坚固的，并且有着庞大的体积，在使用上比较安全。通常土粒间的摩擦力以及黏结力是构成土坝稳定的因素，但是随着水流的流动，这种特质功能会慢慢降低。随着这种稳定性的丧失，超过某些特定的数值后会出现危险的滑坡事件，所以为了避免此类情况的发生，需要对坝坡进行系统测算以及分析，以求最佳的布设方案。

2. 滑坡因素及滑坡形态

滑坡的出现原因多种多样，在这其中不仅有物理学力学的因素，而且还受控于坝体的高度以及坝体的各个组成部分。在一般情况下，要求坝体的干容重须大于 $1.5t/m^3$。

因为不同的类型的土坝，滑坡的走式也不相同，比如采用黏性土布设的土坝在遭遇滑坡时一般呈现圆弧状，而砂性土做成的土坝在遭遇滑坡时会呈现折线或者直线状。滑坡形态在某种程度上体现了土壤的特殊性能，黏性土壤因为其本身具有黏结力大的特点，所以遭遇滑坡时整体性不受影响，但是砂性土的稳定性能则比较差。所以根据这个情况，砂性土坝一般要缓于黏性土坝的边坡。

3. 稳定分析计算的方法

平面问题圆弧滑动面是计算土坝稳定性的分析方法，采用条分法计算。

（五）土坝分期加高设计问题

对中大型土坝，有时因投资、施工条件、自然因素等的限制和变化，很难一次施工达到"合理"坝高（即淤地面积最大、库容最大、工程量最小）。当分期施工加高达到合理坝高时，可考虑采用分期加高施工方案。

1. 分期加高设计的方法

分期加高设计应在坝系规划总方案的基础上进行。实践中，加高多为 2~3 次完成，一次间隔时间大约 10 年，小型坝一次 2~3 年（完成）。具体什么时候加，一次加高多少，须从淤积量、设计洪水情况、利用状况和基建力量等多方面考虑。

分期加高坝的设计，包括第一次坝高设计、中期坝高设计和最终坝高设计三个阶段。最终坝高设计同于一般坝高设计。

（1）当第一次坝高设计不设溢洪道时，坝高除考虑完成工程量外，应为拦洪库容（不包括安全加高库容）大于一次设计洪水总量相应的坝高。若干年后，如再加高土坝，坝高设计须考虑前几年的淤积情况。如设 T 为淤积年限，则第一次设计坝高的拦洪总库容 $V_{拦洪}$ 应等于 T 年的淤积量与一次设计洪水总量之和，即

$$V_{拦洪} = TQ_{沙} + W_{洪}(m^3) \qquad (4-70)$$

式中：T 为淤积年限，年；$Q_{沙}$ 为年均来沙量，$Q_{沙} = \dfrac{KF}{\gamma_{沙}}$，$K$ 为侵蚀模

数，t/（km²·年）；F 为流域面积，km²；$\gamma_{沙}$ 为淤积泥沙干容重，t/m³；$W_{洪}$ 为设计洪水总量，m³。

根据 $V_{拦洪}$，在 $H-V$ 曲线上即可查出拦洪坝高。拦洪坝高加安全加高即为第一次设计坝高。经过运用，库容淤积不能容纳一次设计洪水时，土坝即应加高。

（2）当第一次坝高设计设有溢洪道时，先根据淤积期限确定拦泥坝高，再根据设计洪水计算滞洪库容，确定滞洪坝高，最后加上安全加高，即得第一次设计坝高。这种设计的防洪计算，应考虑土坝加高后溢洪道设置方案问题；①先修临时性溢洪道，最后另修永久性溢洪道方案。这种方案，临时溢洪道和滞洪坝高的设计，可不考虑坝地生产防洪要求，而直接按溢洪道坎底与淤地面齐平的情况进行防洪计算，到修永久性溢洪道时，再考虑坝地正常生产要求，进行防洪计算；②当淤地坝加高不多即可达到最终坝高，且加高后又无条件建永久性溢洪道，可在坝分期加高时就建永久性溢洪道，待土坝加高后再加固。此时，溢洪道尺寸设计应考虑到最终加高后坝地正常生产要求。

另外，如考虑淹没高程限制时，第一次设计坝高由淹没限制高程确定。

2. 分期加高设计与淹没高程限制方法

（1）土坝加高方案及设计要求。土坝加高方案应以工程量最小、安全可靠为原则。加高方式可以用内坡淤泥面上加高法、骑马式加高法（内外坡同时加高）、外坡加高法等，较好者为内坡加高法和骑马式加高法。加高时，应注意新旧坝体要结合良好。一般是在加高坝基下开挖结合槽，清除旧坝表土，回填夯实后再加高，以使二者紧密结合。

坝体下游坡脚排水体的加高，应按新加坝高断面浸润线位置改建加高，坡比 $m_{外}$ 为

$$m_{外} = 0.05H_2 + 0.5$$

式中：H_2 为加高后的总坝高。

（2）加高坝时溢洪道设计要求。溢洪道底坎加高高程应由水文分析计算重新确定。加高方法有原型加高法（溢洪道首部按原形式上延

加高)、土渠加陡法（将上段土渠变陡）和滚水坝法（在溢洪道首部做滚水坝抬高底坎高程）。

（3）加高坝时放水洞设计要求。放水洞主要是改建进口高程位置，对竖井式放水洞可采用垂直加高法加高高度，对卧管式放水洞可采用向上延伸加高法加高高度。

五、拦渣工程

在基建的施工和布设过程中会出现大量的弃土以及石头烂渣等废弃物，这些废弃物将会对水土保护工作起到危害作用，为此针对这个问题特别布设了一些拦渣工程，比如拦渣坝或者拦渣墙、拦渣堤、围渣堰和尾矿（沙）坝等。

（一）设计原则

（1）生产建设项目在基建施工期和生产运行期造成大量弃土、弃石、弃渣、尾矿和其他废弃固体物质时，必须布置专门的堆放场地，将其集中堆放，并修建拦渣工程。

（2）拦渣工程应根据弃土、弃石、弃渣的堆放位置和堆放方式，结合堆放区域的地形地貌特征、水文地质条件和建设项目的安全要求，在设计时妥善确定与其相适宜的拦渣工程形式。

（3）拦渣工程主要有拦渣坝、挡渣墙、拦渣堤三种形式，其防洪标准及建筑物等级，应按其所处位置的重要程度和河道的等级分别确定，并进行相应的水文计算、稳定计算。

（4）拦渣工程布设应首先满足《开发建设项目水土保持技术规范》，并应符合《挡土墙设计规范》和《堤防工程设计规范》等技术标准的要求。对在防洪、稳定、防止有毒物质泄漏等方面有特殊要求的生产建设项目，如冶炼系统的尾矿（沙）库、赤泥库等，应详细参照有关行业部门的设计规范，在分析论证的基础上，相应提高设计标准。

（5）拦渣工程在布设上一定要综合考虑各方面原因，包括上下游建筑物、居民区以及其他公共设施等，在布设上不仅要按照国家标准确保安全可行，而且在选地选材上要做到资源合理利用，不浪费，在布设用地上优先选择废弃的荒地等。

（6）对于一些对自然界或者人类生态环境有危害的物质，在拦渣工程上一定要按照有关标准进行无害性处理，比如废水的处理等。

（二）设计要求

1. 可行性研究阶段设计要求

（1）可行性研究阶段设计要求或者人类生态环境有危害的物质，在拦渣工程上一定要按照有关标准进行生产建设过程中的弃土、弃石、弃渣量及其物质组成，分析论证可能出现的水土流失形式、原因及危害。

（2）建设过程中的水文参数和地质要素，对影响项目本身及其周围地区安全的重大防洪、稳定等问题，应进行必要的勘测，掌握可靠的基础资料。

（3）从技术、经济、社会等多方面分析论证，明确拦渣工程的任务，比选拦渣工程类型、形式、规模、数量、位置、布局及建筑材料来源、场所和运输条件。

2. 初步设计阶段设计要求

（1）明确拦渣工程初步设计的依据和技术资料。

（2）确定弃渣种类、名称、数量和排放方式，复核拦渣工程的任务和具体要求。

（3）依据资料进行分析论证，核查确定拦渣工程的类型、规模、数量、布局及设计标准。

（4）确定拦渣工程的位置、结构、形式、断面尺寸、控制高程和工程量。

（5）确定修建工程所需的建筑材料来源、位置和运输方式及必要的附属。

（三）拦渣坝

拦渣坝是在沟道中修建的拦蓄固体废弃物的建筑工程。目的是避免淤塞河道，减少入河入库泥沙，防止引发山洪、泥石流。修建时应妥善处理河（沟）道水流过坝问题，可允许部分或整个坝体渗流和坝顶溢流。

1. 坝址选择

（1）坝址应位于渣源附近，其上游流域面积不宜过大，废弃物的堆放不会影响河道的行洪和下游的防洪，也不增加对下游河（沟）道的淤积。

（2）坝址地形要口小肚大，沟道平缓，适合布置溢洪道、竖井等泄水建筑物，且有足够的库容拦挡洪水、泥沙和废弃物，库区淹没和浸没损失相对较小。

（3）地质条件良好，坝基和两岸有完整的岩石或紧密的土基地层，无断层破碎带，无地下水出漏，库区无大的断裂构造。尽量选择岔沟、沟道平直和跌水的上方，坝端不能有集流洼地或冲沟。

（4）坝址附近筑坝所需土、石、砂料充足，且取料方便，风、水、电、交通、施工场地条件能满足施工要求。

2. 防洪标准

拦渣坝防洪标准可参照工矿企业的尾矿库来确定，根据库容或坝高的规模分为 5 个等级，各等级的防洪标准参照《防洪标准》（GB50201—1994）的规定确定。

拦渣坝上游洪水的处理。

（1）渣洪堤或排洪渠的设立可以更好地使洪水安全排放，不至于泄堤，但是这只适用于洪水较小的情况。

（2）当洪水势头较大时应当采用拦洪坝来保证拦渣坝的安全。

（3）当洪水来量大，但是拦洪坝修筑条件不够时应当修建防洪拦渣坝，该设施即可以保证拦渣设施的正常运转，又能保证拦渣坝的正常使用。

3. 拦泥库容的确定

与上述三种情况相对应，根据坝址控制区的水土流失情况，拦渣坝本身应有一定的拦泥库容。

拦泥库容 V_s 由拦渣坝上游汇水面积 F，年侵蚀模数 S，平均拦泥率 K_s 和使用年限 n 来决定。即：

$$V_s = nK_sSF \qquad (4\text{-}71)$$

拦泥率应根据上游综合治理面积占流域面积的百分比确定，可参照《水土保持综合治理技术规范》（GBl6453—1996）。

4. 坝型选择

坝型的选择上要综合考虑地形、环境、资源与施工条件等因素，按照实际情况选择一次成坝或者多次成坝，并且经过综合考虑和调查选择合适的坝型。

在拦渣坝坝型的选择上主要依据布设时所使用的材料，根据不同的建筑材料可以布设土坝、石坝等。

（四）挡渣墙

挡渣墙是为了防止固体废弃物堆积体被冲蚀或易发生滑塌、崩塌，或稳定人工开挖形成的高陡边坡，或避免滑坡体前缘再次滑坡而修建的水土保持工程。挡渣墙可行性研究和初步设计的关键是稳定性问题，为此，必须做详尽的调查及必要的勘测。对于挡渣墙下部有重要设施的，应提高设计标准，其稳定性应采用多种方法分析论证。

1. 挡渣墙选线选址

为充分发挥挡渣墙拦挡废渣的作用，保证挡渣墙在使用期间的稳定与安全，应合理选线，尽量减小挡渣墙的设计高度与断面尺寸。

2. 挡渣墙上部洪水处理

（1）拦渣墙的布设主要为了适用急流面积小、冲刷性较轻的坝体，这样既满足需要，又能节约资源，一般情况均采用排洪渠、暗管、导洪堤等排洪工程将洪水排泄至挡渣墙下游。

（2）当急流面积较大或者冲刷力较大时，引洪渠、拦洪坝等蓄洪引洪工程的建设就相当有必要性，因为其可以将洪水排泄至挡渣墙下游或拦蓄在坝内有控制的下泄。

3. 挡渣墙形式

挡渣墙按墙断面几何形状及受力特点一般分为重力式、悬臂式和扶壁式三种形式。这三种形式分别适用不同的地理地形以及满足不同的拦渣需要。在布设上均要满足保证安全合理经济，同时还要做到美化以及环保。

（五）围渣堰

堰顶高程：对于围渣堰的水位控制必须高于防洪水位，并且在布设上要严格遵守《水利水电工程等级划分及洪水标准》的相关规定来具体确定。

堰顶宽度：宽度要保证满足交通条件以及建设原则等多方面来进行考量。但是一般情况下均为 4～5m，如果有其他特殊需要，则应当按实际情况进行调整。

（六）尾矿（砂）库

为妥善存放和处理大量的尾矿（砂）而修建的挡拦建筑物，称为尾矿（砂）坝，它和尾矿（砂）存放场地，统称为尾矿（砂）库。

第四节　泥石流防治工程措施

生产建设项目由于本身特点或地理条件限制，项目建设在泥石流易发的沟道或坡面下游，受泥石流危害的危险性增大；或项目在生产建设期大量弃土弃渣，加剧泥石流的潜在危险，应采取泥石流防治工程。泥石流防治应以保护建设项目、保障项目区下游安全的措施为主，结合流域综合治理。应根据泥石流分区，采取不同的措施。

一、基本原则

（一）坚持以预防为主

泥石流的防治方案应与生产建设项目的主体设计结合，应在选址时尽量避开泥石流危险区；在生产和建设工艺设计中，尽力采用弃土弃渣量小、开挖量小的方案。项目必须建在或通过泥石流易发区，应首先把泥石流的预测预报系统作为项目设计的重要内容。

（二）统筹兼顾，重点防护

应根据项目区所在沟道或坡面的状况和项目的主体设计方案，对泥石流易发区进行分区，判别不同区域对项目的危害程度，做到统筹兼顾，重点防护。

（三）注重以工程为主体的泥石流防治措施

大型建设项目的泥石流防治，应以工程措施，如拦渣工程、防洪工程、排导工程为主体，达到应急性保障的目的。

（四）综合防治，除害兴利

从长远利益出发，泥石流防治应根据地表径流形成区、泥石流形成区、泥石流流通区和泥石流堆积区的特征，分别采取不同的措施，进行综合防治，并与流域水土资源利用结合起来，做到除害兴利。

（五）经济安全兼顾

泥石流危害大，极易造成重大的经济损失，但其防治工程造价高、投资大。因此，设计应十分慎重，充分论证，做到经济合理、安全可靠。

二、设计要求

（一）基本要求

对于泥石流的防治工作应当做到小范围、多类型的方式来进行统筹安排。

（1）地表径流形成区。地表径流区域主要集中分布在坡面上，所以要根据该实际情况采取梯田耕地或者蓄水保土耕作法；同时对于荒地应加强植被的覆盖，从而保护水源的吸收；最后为了保证地表径流的减少，应当在合理的区域建设小型蓄排工程。同时如果条件成熟，则可以有针对性地进行洪水引流，将多余的水源引入所需要的地区。

（2）泥石流形成区。泥石流主要分布在容易发生坍塌的沟段，对于泥石流的防御主要以修建谷坊以及淤地坝等为主，该类设施可以很好地固定沟坡，可以有效防止塌方的出现。

（3）泥石流流过区。针对受到泥石流影响的区域应加强植被以及格栅坝等的覆盖率，植被可以很好地起到增加阻力的作用，同时格栅坝可以有效拦截泥石流中的泥沙等物质，降低泥石流产生的伤害。

（4）泥石流堆积区。泥石流的堆积物主要集中在沟道下游以及沟口处，为此，应当修建一些停淤工程以及排导工程，这些工程可以有效地控制泥石流对于下游河床的危害。

（二）可行性研究阶段设计要求

（1）考察和调查项目建设泥石流易发区的分布、形成原因、危害及潜在危险性，明确防治的方针和重点。

（2）收集与泥石流发生密切相关的地质、地形、气象和水文资料。重点调查泥石流沟道松散固体物质的风化、剥离、堆积情况，沟道径流和汇流情况及植被状况。对重要区域应进行必要的勘测。

（3）根据主体设计，预测项目对沟道自然地貌和植被的破坏，弃土弃渣量及对泥石流发生的影响；预测泥石流对项目的潜在危害。

（4）比较选定泥石流防治方案，选定所采取的措施，明确各项措施在泥石流防治中的任务，初步确定其形式、规模、位置、布局及建筑材料来源、场所和运输条件。

（5）对投资高、规模大的泥石流防治工程要反复论证，应根据具体情况，做专题研究，如大型泥石流排导工程。

（6）企业治理和地方综合治理相结合。泥石流沟道往往需要修筑大量工程才能达到预期效果。除企业征地范围内或直接影响区的治理由企业业主负责外，大面积泥石流沟道的谷坊建设应考虑与地方综合治理密切结合。在当前中国山区经济尚不发达的情况下，就地取材修筑谷坊最为经济。

（三）初步设计阶段设计要求

（1）明确泥石流防治工程初步设计的依据和技术资料。

（2）详细调查和勘测径流形成区的汇流资料，形成泥石流的固体物质来源，流通区的沟道水文地质状况和沉积区的沉积现状和条件。

（3）确定泥石流防治工程的性质、类型、规模，复核其防护任务和具体要求。

（4）确定泥石流工程的位置、形式、断面尺寸和材料及其运输路线，其中生物措施应明确植物种类、配置方式和典型设计。

三、地表径流形成区

坡面是泥石流发生过程中地表径流的主要策源地。因此，防治措施主要是针对坡面，本区的防治工程主要有坡耕地治理、荒坡荒地治理、小型蓄排工程和沟头沟边防护工程等，具体包括修建梯田、保土耕作、造林种草、封山育林育草和坡面小型蓄排工程等，目的是减少坡面的地表径流，减缓流速，削弱形成泥石流的水源或动力。这些措施大部分也适用于坡面泥石流的防治。

四、泥石流形成区

泥石流形成区主要是指滑坡和崩塌严重的沟道，它是泥石流固体物质产生的策源地。故应在沟道中修建谷坊、淤地坝，营造沟底防冲林，在坡面上修筑斜坡防护工程。目的是巩固沟床，稳定沟坡，减轻沟蚀，控制和减少崩塌、滑塌等重力侵蚀产生的固体物质。

五、泥石流流通区

泥石流主要在沟道的中下游流通，为此可以加大植被的覆盖率以增加泥石流流通过程中的阻力，同时可以修建格栅坝等作为对泥沙的拦截工作，这样可以使泥石流中泥沙等物质含量降低，以减小泥石流的冲击力。

第五章　农业水土保持的关键技术

水土保持耕作技术、水土保持栽培技术、保护性耕作技术、土壤改良与配肥技术、旱作农业技术等，这些都是通过施加水土保持的农业技术措施，强化土壤抗蚀条件，增加水分入渗量，起到蓄水保护土壤的功效，这就是农业上广泛应用的水土保持方法——农业水土保持技术。

第一节　水土保持耕作技术与保护性耕作技术

一、水土保持耕作技术

我国的山区、丘陵区、塬区，占国土面积的2/3，这些地方山多坡陡、土层薄、暴雨多，自然条件差，其中耕地约占全国总耕地面积的一半。在坡耕地上，地表径流是土壤遭受侵蚀最重要的原因。为了抑制径流的产生，在坡度大于15°或10°的坡耕地上兴修梯田是很有效的水保工程技术措施，如能及时正确地采用水土保持耕作措施的话，在坡度较缓的坡耕地上也能收到保护土壤、保住水分、从稳定生产到增加生产的效益的，而且要比兴修梯田和梯地更加简单而又容易实行，并且一样可以增加降水的渗入，弱化土壤当中的冲蚀，减少径流产生的情况。因此，应因地制宜地予以应用，不应因其简单易行而有所忽视。

（一）水土保持耕作技术的概念

水土保持耕作技术就是提高农业生产的耕作技术其主要就是以保肥、保护土壤、保住水分为主，往小方面来说，它是专门用来防治水土流失的比较独特的耕作技术。从大的方面说，特别是旱地农业技术措施甚至整个农业技术改良措施都属于这个类别。小方面仅指水土流失地区，而大的方面则包括了整个农业区特别是旱作农业区。

（二）水土保持耕作技术的任务

水土保持耕作技术的任务，除满足耕作的一般任务，如给种子发芽创造适宜条件、翻埋肥料、清除杂草、清洁田面、减少病虫害等之外，更重要的是在旱作农业地区它必须充分发挥"土壤水库"的作用，尽最大可能地把天然降水蓄存于土壤之中，以满足作物生长发育对水分的需要，以调节天然降水与作物需水不相吻合的矛盾。为此土壤耕作的任务除一般的任务之外，最主要的任务就是：

（1）要根据季节变换天然降雨的时间段分布，及时采取适宜的措施，不仅要尽量减少各种形式径流在农地内产生，还要最大限度地把天然降水纳蓄于土壤之中。

（2）依据水分在土壤中运动的规律，及时采取合适的措施，使已纳蓄于土壤中水分的各种非生产性消耗如渗漏、土表蒸发等得到减少，让土壤内所储蓄的水分，最大可能地利用到农作物生长发育当中，并调节在季节变换中天然降水与作物需水不协调的矛盾。

（3）据生态学的原理及实验证明，采取措施，防止倒伏，增强肥效，灭除杂草及防治病虫害是可以提高水分生产率的。

总的来说，在已有的农业生产条件下，农业生产成功与失败其关键在于天然降水是否能较充分地被土壤所蓄纳，并且有效地用于农业生产。所以"蓄水保墒"就是水土保持耕作措施的重心所在，所以提高天然降水生产效率，就是为农作物生产创造良好的土壤环境条件的重要任务之一。

（三）水土保持耕作措施的种类

按照实施形式和所起的作用可分为三大类。

（1）可以改变小地形的耕作措施，主要有：①通过耕翻培埂，形成 0.7~1.0m 宽的窄小梯田，类似蓄水聚肥耕作及抽槽聚肥耕作的"新式耕田"；②等高开沟起垄的"沟垄种植"，包括套犁沟播（即水平沟种植）、垄作区田、平播起垄、中耕换垄等；③主要在夏季休闲地或牧坡地上用犁横向开沟的水平防冲沟；④种植坑上下交错，等高成行的"坑田种植"(也称掏钵种植)、大窝种植。

(2) 用疏密不同、生长季节不同的作物与牧草实行等高间作套种,如麦类、豆类、玉米、高粱等,增加植物被覆或被覆时间,如果采用不同作物与牧草、灌木等高带状间作轮种,它其实也有改变小地形,使地面坡度得到减缓的作用。要减少土壤蒸发就在经济作物区采用地膜(即塑料薄膜)覆盖。这就是以增加植物被覆为主的水土保持农业技术。

(3) 以增加地面覆盖面积,增强土壤抗蚀力为主要目的的水土保持农业技术,其主要是要保护地面,改善土壤理化性质,增加土壤里的有机质,提高土壤抗蚀能力,防治水、风侵蚀,提高粮食的生产产量,用保留作物残茬或秸秆覆盖,以及少耕、免耕等方法即可。

各种水土保持耕作技术的分类见表5-1。

表5-1 水土保持耕作技术

类别		耕作法名称	适应条件	适应地区
以改变微地形为主	沟垄种植	等高耕作	(1) 25°以下; (2) 坡越陡作用越小	全国
		垄作区田	(1) 20°以下; (2) 年降水量300mm以上	全国
		水平沟种植法	(1) 25°以下; (2) 坡越陡作用越大	西北
		平播起垄	(1) 15°以下; (2) 川地、坝地、梯田均可	西北
		圳田	(1) 20°以下; (2) 坡越缓作用越大	西北

续表

类别		耕作法名称	适应条件	适应地区
以改变微地形为主	沟垄种植	水平防冲沟	（1）20°以下； （2）坡度越大间隔越小； （3）夏季休闲地和牧坡	西北
		蓄水聚肥耕作	（1）15°以下水平； （2）旱塬、梯田均可； （3）需劳力多	西北
		抽槽聚肥耕作	（1）平地，15°以下； （2）造林、经济果园； （3）需劳力多	湖北
	坑田耕作法		（1）20°以下； （2）品字排列； （3）平地也可； （4）需劳力多	全国
	半旱式耕作		（1）在冬水田少耕；免耕条件； （2）掏沟垒埂、治理隐匿侵蚀	四川
以增加地面覆盖为主	覆盖耕作	青草覆盖	（1）茶园； （2）种植绿肥也可	湖北、安徽
		地膜覆盖	（1）缓坡、梯田、平地； （2）经济作物、林果	全国
		砂田覆盖	（1）干旱区10°以下； （2）有砂卵石来源； （3）需劳力较多	甘肃
		留茬覆盖	（1）缓坡地、平地； （2）不翻耕	黑龙江
		秸秆覆盖	（1）缓坡地、平地； （2）不翻耕	山东、云南
以改变土壤物理性质为主	少耕	少耕深松	（1）缓平地； （2）深松	黑龙江、宁夏
		少耕覆盖	缓平地	云南
		搅垄耙茬	缓坡地、平地、风沙区	东北
		硬茬播种	缓坡地、平地、风沙区	华北
		垄作深耕耙茬耕作	缓坡地、平地、风沙区	全国
		轮耕	风沙旱地	全国
		免耕	（1）平地； （2）用除草剂	湖北、东北
		马尔采夫耕作法	平地、缓坡地	东北

以改变微地形为主的水土保持耕作措施如下。

1. 等高耕作

通过作畦、栽培及耕犁等方式沿等高的方向于坡面上进行作业即为等高耕作。其特点是以横向耕作为目的在坡度与等高线成90°的耕作方式。不管是何种水土保持的耕作措施都是以此为基础。其不仅可以让地表径流大面积地受到拦蓄，且让土壤中水量储蓄得以增加，并减少了水土流失的机率。

（1）等高耕作的目的。土壤尽可能地不被冲蚀、且对径流的控制，还有确保水分得以保存及渗透和储蓄均为等高耕作所能实现的目的。

（2）等高耕作的功效。在坡耕地上沿等高线以横坡的方式实现耕作，而"蓄水沟"的形成是因与等高线平行的犁沟所致，其不仅可以有效地缓解地表径流，确保更多的水分渗透到土壤中，形成水土保持，促进作物发育发展及生长，进而促进产量的增加。据了解，顺坡耕作相对横坡耕作来说对于暴雨所致的地表径流，简单来说就是以犁沟底为顺坡沿线在雨水的冲击下流失大量肥沃表土，造成土壤肥力下降和土壤含水率减少，使农作物的生长和发育受到损害，最后导致产量降低。

因此，凡是容易发生水土流失的坡式梯田和坡耕地，甚至坡度在2°~3°以上的耕地，无论种植什么作物或牧草，都应当采取横坡耕作方法，以最大限度地控制水土流失和改善土壤水分物理状况，为农作物的生育和稳产高产打下良好基础。

2. 沟垄耕作

以等高耕作为基础改良而来的耕作措施即沟垄耕作，简单来说，就是在坡面上进行开犁且沿等高线进行，所筑造的垄还有沟，可在其内进行牧草及作物的种植。

地形上坡地小也会因为沟垄耕作而有所变更，利用沟、垄的方式对地面进行耕成，加大了地面的受雨面，当然也使单位面积中所承受的雨量减少。利用沟垄的拦蓄作用，将冲刷与径流的比例最大化的降低，促进了水分于土壤的含量，防止了养分于土壤的流失，在水土的保持上效果显著，同时也确保了肥沃的养分以及促进了产量的增长。从方法上说，沟垄耕种，绝不是简单的在拦蓄径流上起很好的作用，并且是保证耕作质量，减轻畜力负担和逐步使坡地变成梯田的一项主要措施。

在等高耕作的基础上实行沟垄种植，各地做法多样，属于耕作方式之一的沟垄种植，总的来说，其为下列种类为主：山地水平沟种植法、平播起垄、圳田、水平防冲沟种植技术、蓄水聚肥耕作、抽槽聚肥耕作、耕作区田。

3. 坑田耕作法

坑田耕作法在陡坡上其土层厚度为 $15°\sim30°$ 最为适宜，其作用中的水土保持最为显著。种植钵 10000 个的修建于地面通常只需每 $1hm^2$，每个钵的有效容量平均为 $0.05m^3$ 为每个钵其容量的平均有效范围，且每 $1hm^2$ 以 $50m^3$ 为其对地表径流的拦蓄。

区田作法是指：以 $1m^2$ 为单位在坡耕地以等高线为区分而成的小耕作区，每一个区域中掏出 $1\sim2$ 个钵，合计每 $1hm^2$ 地区为 10000 个种植钵。在掏钵的时候，用锨或镢挖掘长、宽、深各 50cm 的钵，应由下向上进行，并要纵横成行，先将表土刮到下面，然后开始掏钵，将底土放在钵的下方或左右侧，并扳成土埂。再将钵的上方表土层刮到钵内，以此类推。这样自下而上地进行，上下行的坑成"品"字形错开，使整个坡面形成许多凹形种植坑。坑内作物可高度密植。区田在第一次掏钵后每隔 $3\sim4$ 年再掏一次，第二次掏钵就较省工。在区田操作过程中，可根据坡度大小、劳力多少和种植作物种类等采取不同的钵数。这种方法推广到大田种植作物均比一般的耕地上所出产的量要增加很多。

4. 覆盖耕作法

把没有作物的地表或者在作物的株行间用作物残株、草类又或是其他的材料进行覆盖，从而使径流与土壤的流失减少，促进水分更多地渗透于土壤中，防止杂草的肆意生长，避免了中耕时进行杂草的清除，使地表温度形成一定性，促进了有机土壤的生成及为覆盖耕作法。

覆盖耕作法种类多样，根据覆盖材料的种类分为残株覆盖（残株覆盖又分留茬覆盖和秸秆覆盖）、青草覆盖、地膜覆盖等。

5. 残株覆盖

合理地利用作物残株，是非常经济有效的水土保持方法，且增产明显。可作覆盖材料的作物残株种类多样，像稻草、杂草、蔗叶、蔗渣、玉米秆、谷壳等，其他如木屑、碎草，枯叶、松枝、肥料、草袋等也都可利用。秸秆覆盖材料主要是麦秸、玉米秸等。

除了避免土壤被自然气候所直接造成的伤害如日晒、风吹及雨淋等，在土壤于表层的结构能得以受到保护，同时也促进了土壤在降水时所带来的水分的吸收，而且下层土壤跟表面蒸发所形成的毛管关系会被隔断，在大气与土壤空气间在强度上的交换程度被降低，在一定程度上避免了土壤的蒸发，这都是秸秆覆盖在农地后所带来的益处，且也是农田不论旱季的保墒还是雨季的蓄水都能起到很好的作用。

研究表明，在特定的时间内，在水量上可看出农田的土壤因覆盖而有所增涨，较于农田来说，其耗水的总量却异常同步，究其缘由是因为水量因覆盖物的存在而减少了蒸发，而作物也可进行有效且及时的利用，所以，就效率上来说，其产量跟水分利用上都有着一定的提升。利用残留的作物来进行覆盖其作用还有：

（1）阻碍了杂草的肆意增长，使中耕时期的杂草清除工作减少。

（2）土壤温度会得到保障，不致急剧升降，使作物免受霜害。

（3）增进土壤有效养分含量，改良土壤物理性和可耕性。

（4）减少土面蒸发，增加土壤水分含量。

（5）促进土壤微生物活动。

（6）促进水分渗透，减少径流率，增加土壤水分供给量。

6. 青草覆盖

在中低山区，林草丰茂，山场面积大，在夏秋季节，割青草覆盖地面厚 10～15cm，覆盖后雨滴打在青草上，避免雨滴直接打在土壤上；同时因青草覆盖，地面没有野草滋生和保持了土壤墒情，减少中耕环节，起到了保持水土作用。

7. 地膜覆盖

地膜覆盖是旱作农业节水保土提温的一项重要措施，是行之有效的好方法。我国许多地区，采用地膜覆盖栽培玉米、花生、烤烟等作物，均获得明显的增产效果。根据覆膜栽培能保土、保水的这一特点，把它应用到坡耕地耕作当中。一般采用的是先覆膜后种的方法。播种后根据地形，在垄沟里堆上不等距的土挡，避免水向低处流而造成水土流失和大风掀膜的现象。

8. 少耕法

少耕法，指在一定的生产周期内，尽量不要多次耕翻，就像用隔年的深翻或者是三年一次的深翻来代替每年一次的深翻。少耕法包括：耕播的同时进行的耕播法、以拖拉机胶轮镇压播种行的轮迹耕播法（轮迹填压沟可以减轻风蚀）等。采用少耕法应注意如下事项。

（1）少耕与传统的（多耕）耕法相对而言，它是力求尽可能地减少田间作业次数，避免破坏土壤结构，保持土壤水分，防止水土流失，降低生产成本，提高产量的有效耕法。在今后的耕作改制中，应按照各地土壤、气候条件的不同，建立起与之相适应的少耕耕作制度，以加快坡耕地的治理，做到用养地相结合，不断提高坡地生产力，从而获得较多的生物产量和经济产量。

（2）少耕法尚需与其他农业技术措施（如横坡耕作）和农田基本建设（如营造防护林）紧密配合，才能充分发挥它的抗蚀保土及其增产作用。

各地结合本地的自然特点及旱地种植业存在的问题，我国不少地区对少耕法和免耕法开展了研究，取得了一定的经验，采用面积正逐年扩大，推出了多种少耕法的模式，如东北和宁夏回族自治区的深松少耕法、云南红土地区的少耕覆盖耕作法，还有半湿润偏旱的华北及关中地区的硬茬播种少耕法及适于低温冷冻区的麦茬搅垄少耕法等。

9. 免耕法

既不会耙也不会耕，且没有中耕的操作，在土壤实施耕作是以生物进行依靠来实现，废除传统的机械除草，采用化学的方式来对杂草的清除的保土耕作法即为免耕法。

（1）从原理上来了解免耕法。一是在措施上利用生物化手段，即将过往的土壤耕作变更为秸秆覆盖方法。秸秆在不改变土壤结构的自然状态下，促使贮水量的增涨，而且此环境有益于大量的微生物的繁殖，使有机质和水稳性于土壤和团粒的生成与增加。以秸秆所能起到上面的综合作用防止风蚀和水蚀。二是以化学的措施，以除草剂、杀虫剂、杀菌剂，代替土壤耕作的除草作业和翻埋害虫及病菌孢子。不管是水、还是肥又或是气，还有热这几点在作物的需求上都可以因土壤耕作而完美实现。物理与机械的结合完成了传统耕作的实现，但依附于生物来实现的是免耕法，即土壤中的微生物还有作物中的根系组织等活动来实现的。

（2）免耕法的运用。它是在玉米的收割季节即秋季，在同一时间打碎玉米秸秆，以覆盖地面的方式结合磷、硝酸铵以及钾肥在入冬或者进入春季时开始在冻土上进行挥洒。在播种的过程中，用免耕播种机开播种沟（6~7cm 宽、2~4cm 深）播种玉米。土壤杀虫剂与肥料混施。除草剂在播种后喷洒。

（3）免耕法的作用及存在的问题。就有关研究报告中曾多次提出免耕法的一些看法，农田的土壤之所以在结构上被破坏掉，原因是耕作过多所致，但破坏了其的土壤结构是导致板结层和紧实土层的形成因素，它们的形成就越发需要用土壤耕作来调整。免去了耕作，也就减少或免去了土壤结构的破坏，就不会产生大堡块、坷垃、板结，也就不需要多次的表土耕作。保持了土壤的自然构造，增加了贮水量，使有益微生物的群落繁殖起来，增加土壤有机质、水稳性团粒含量，从而防止了土壤风蚀和水蚀。另一方面是以化学措施（除草剂、杀虫剂、杀菌剂）代替土壤耕作（如除草作业和翻埋害虫及病菌孢子）。保持水分及肥料尽可能地不动土原则是保护性耕作的要求所在。而免耕播种的关键在于开沟技术的优良性，当然这也是土壤所要求的不但要紧实，且有秸秆及残茬于地表上覆盖。

由于地面秸秆覆盖，对土壤也产生一些不利影响：①土壤因为免耕和秸秆覆盖而阻碍了其被太阳所带来的直接辐射，土壤的空气也因为秸秆和免耕的存在而无法与大气互换，土壤昼夜温差减少；②秸秆、残茬是各种病原菌繁殖的良好场所，像小麦的根腐病以及有着大斑病的玉米等；③土壤里利于地下的有害虫类的隐藏与生存，所以经常会有虫害的灾害发生。

由于耕作制度是控制和管理农业生态系统的技术措施的整体，免耕法的出现，形成了这样一个特殊的土壤环境，既需要从种植制度和施肥制度两方面作与之相适应的改变，也需要研究它在农业生态系统中，对能量和物质循环的影响。许多免耕法研究者认为，不能因免耕法存在缺点而否定其运用，应从基本方面去解决这些问题。

二、保护性耕作技术

（一）覆盖技术

覆盖是将各种材料铺盖在作物株行间或裸露的地表上，以达到蓄水保墒、抑制杂草、调节地温、减少土壤水分蒸发为目的的水土保持农艺措施。按当前使用的材料，可进一步分为青草覆盖、地膜覆盖、留茬覆盖、秸秆覆盖、砂田和化学覆盖等。

1. 青草覆盖

青草覆盖是湖北省片麻岩山地区花茶园中采用的一种保持水土的方法。

在中低山区，林草丰茂，山场面积大，夏秋季节割青草覆盖在地面上，覆盖厚度 10 ~ 15cm。这样既防止了雨滴打击，又保持了土壤墒情，减少了中耕环节。现在黄土高原的一些果园中，也有采用此种方法来防蚀保墒的。另外，果园生草也可归为此类。

果园生草有两种方式：一是果园全园地面生草；二是定植带内清耕、行间生草。无论采用哪种生草方式，首要的问题是适宜草种的选择。目前，在黄土高原果园中示范种植的草种有禾本科类如高羊茅与黑麦草等，以草木樨、小冠花、三叶草等的豆科类。四季中除了冬天其他三季均可进行此类草种的播种工作，其中以春季最为适宜，在降雨或土壤被大幅度的进行灌溉后进行播种，如 4 月的中下旬到 5 月的下旬，当然播种也可以抢时的方式在雨前进行，地温 15 ~ 20℃时出苗最好。遇到春旱年份，可在秋季多雨时节临时播种。三叶草、黑麦草和高羊茅等，一般播深 3 ~ 5cm，每亩用籽量 0.5kg 左右。干旱地区宜开水沟条播，种子覆土一定要为细粉状，播种前可每亩施过磷酸钙 10 ~ 20kg。紫花苜蓿和草木樨，亩用籽量 1 ~ 1.5kg，种前要进行种子处理。小冠花可采用种子播种和根条繁殖两种方法。毛苕子，亩用量 3 ~ 5kg，播深 5cm 左右，播前亩施过磷酸钙 15 ~ 25kg。

2. 地膜覆盖

地膜覆盖所说的是栽培技术的一种，将地面上的农田通过塑料薄膜来进行覆盖。现在全国不少省份采用该项技术栽培小麦、玉米、棉花、甘薯、甜菜、烟草、向日葵和花生等作物，均获得明显的增产效果。地膜覆盖有多种形式，大致可根据覆盖位置、栽培方式分为行间覆盖、根区覆盖、平作覆盖、畦作覆盖、垄作覆盖、沟作覆盖等。

行间的作物中覆盖上地膜即行间覆盖，而覆盖又有隔行行间和连续行间两种形式。一行覆盖一行不覆盖的交错形式在作物行间所进行的覆盖工作即为隔行行间覆盖；而以播种行间为单位的每一行都进行覆盖即为连续性覆盖。再有一种叫作根区覆盖的，其定义是在作物的根部有分散的根系部位用地膜覆盖，又可分为单行根区覆盖和双行根区覆盖，单行根区覆盖是指按照单一播种行作一幅地膜覆盖；双行根区覆盖是指以两行播种行与期间的一个行间为一单元进行一幅地膜覆盖。

平作覆盖是指直接将地膜覆盖在土表，将膜两侧边 10 ~ 15cm 压埋于土床两侧的沟内，不大量翻动土壤。生产上多采用膜内两侧双行平作播种，一般窄行 33 ~ 40cm，宽行 60 ~ 66cm，地膜覆盖在窄行的两行作物上。

畦作地膜覆盖是指作畦整地，将地膜覆盖在畦上，分为平畦覆盖和高畦覆盖。高畦覆盖多在南方地区使用，畦面中央部位稍高于畦面两侧，土床断面多为梯形和圆拱形，特殊要求的有屋脊型。具体做法是用地膜将高畦包封起来，将膜两侧分别压埋于畦两侧预先挖好的沟内，畦上种植两行或多行作物。

垄作覆盖是北方多采用的形式，生产中多为一垄覆盖种两行作物和一垄覆盖种一行作物。因垄高不同，又分为高垄双行覆盖和低垄双行覆盖。高垄双行覆盖垄高约为 16cm，垄宽 66 ~ 80cm，垄上覆盖地膜，每垄种两行作物，适合雨量多的地区或下湿地及水源充足的灌溉区使用；低垄双行覆盖采用宽窄行种植，在窄行上起垄，垄高 6～10cm，垄宽 66～80cm，垄上覆膜，每垄种植两行作物，适合在雨量较少的旱地或水源不足的补充灌溉区。

沟作覆膜分为平覆沟种和沟覆沟种。平覆沟种是指在播种前开沟，沟深约为 7cm，沟宽约为 12cm，沟内播种，然后在沟上覆上地膜，适合半干旱地区旱作田或补充灌溉地；沟覆沟种是在播前起垄造沟，垄高约 15cm，垄宽约 65cm，垄间沟宽约 80cm，播前沟内灌水压碱，沟内播种，沟内覆膜，适合于有灌排条件的盐碱地区使用。

采用地膜覆盖栽培应注意肥料间的差异性进行合理的搭配与施肥工作，保证养分的长期供应与肥料的充足供给。此外，还要防止薄膜残片残留田间造成的"白色污染"等。

3. 留茬覆盖

留茬覆盖技术仿照森林生态原理，在农田收割作物时，把茬子留得高一些（小麦 10cm、谷子 15cm、玉米 20cm），不耕地，用农作物秸秆或其他杂草覆盖地面。留茬相当于灌木的根茬，所覆盖的秸秆或杂草相当于枯枝落叶，拦蓄降水，减少蒸发，使自然降水得以"就地拦蓄，就地入渗"，不产生地表径流，也使风蚀强度大大降低。

4. 秸秆覆盖

利用作物秸秆覆盖，一方面避免了雨滴对土壤表层的直接冲击，保护了表层土壤的物理结构，防止板结，保障与提高了土壤水分入渗和持水力；另一方面阻断了土壤直接暴露于大气，大大减弱了土壤空气与大气的交换，从而有效抑制了土壤水分的蒸发，因此对改善农田水分状况有重要的意义。秸秆覆盖因减少了水分蒸发损失且被作物有效利用，所以也显著地提高了作物产量和水分利用率。农田秸秆覆盖量以盖匀、盖严地面但不压苗为准，覆盖量一般为 3750～15000kg/hm²，可以根据实际情况而定。一般地，在农闲期间覆盖量多，作物生育期覆盖量少；高秆作物农田覆盖量多，矮秆密植作物农田覆盖量少；所用材料粗长则覆盖量多，所用材料细碎则覆盖量少。

北方旱地农业区夏季降水多，蒸发损失也最强。根据覆盖季节，可分为春季覆盖、夏季覆盖、冬季覆盖。实践证明，夏季覆盖保墒效果最好，其次是冬季覆盖，再次是春季覆盖。根据覆盖时间长短，覆盖可分为作物生长期覆盖、休闲期覆盖与周年覆盖。生长期覆盖的时间和方法要依作物而定，冬小麦可在播种后出苗前、冬前及返青前覆盖，冬前覆盖效果最好。春播作物生育期覆盖时间因作物而异，玉米以拔节初期（小喇叭口）、大豆以分枝期、棉花以花蕾期为宜；覆盖前可结合中耕、除草、施肥等作业，把秸秆均匀地覆盖在株间或行间，收获后将秸秆翻压还田。

休闲期覆盖以蓄水保墒为主，分为夏闲期覆盖和冬闲期覆盖。北方一年一熟旱区多采用夏闲期覆盖，夏闲期是北方雨季，覆盖能有效抑制蒸发，减少径流，为秋播作物冬小麦蓄积水分。具体做法是：在上茬小麦收获后，及时浅耕灭茬，耙耱整地，然后将小麦秸秆碎秆后覆盖在地表，覆盖量一般为 $4500 \sim 7500 kg/hm^2$，以均匀严实为准。

周年覆盖是指全年内持续覆盖。冬小麦周年覆盖一般从农田夏闲期耕后起覆盖，于冬小麦播前翻压，播后至越冬前继续覆盖直至收获，覆盖量为 $3000 \sim 5000 kg/hm^2$；春玉米自上年玉米收获秋耕后起，第二年春播前整地或免耕时去掉覆盖材料，播后继续覆盖直至收获，覆盖材料多为玉米秸秆，覆盖量约为 $4500 kg/hm^2$。

5. 砂田覆盖

砂田也称砂石覆盖，是将卵石、砾石、粗砂、细砂等作为覆盖材料铺在经过深耕、施肥、压平作业后的农地上的一种耕种法。砂石覆盖法是我国西北半干旱区的一种传统抗旱保墒增产技术措施，主要分布在兰州市周围砂石来源广的一些县区；此外，在青海省东部农区、山西省部分地区及甘肃定西地区也有分布。采用这种措施的农田叫砂田或石田。砂田使用寿命长（从几年、十几年到四五十年不等），地温高，通气性好，成本低，克服了秸秆覆盖、地膜覆盖等的某些缺点，是一项蓄水保墒、防旱抗旱、提高地温、保护土壤、保障作物稳定生长及有效增产的良好措施。

砂田根据有无灌溉条件分为水砂田和旱砂田，水砂田寿命短，一般 $4 \sim 6$ 年，旱砂田寿命长，一般 $30 \sim 40$ 年，甚至更长。根据砂田性状分为卵石砂田、破石砂田和绵石砂田，其中卵石砂田质量最好，不板结、保墒好，耕管方便。根据使用寿命分为新砂田、中砂田和老砂田，一般旱砂田 20 年前为新砂田，20~40 年为中砂田，长于 40 年为老砂田；水砂田砂土易混合，砂田易老化，一般 3~4 年为新砂田，5~6 年为中砂田，7 年以上为老砂田。

砂田铺砂程序为：首先是选地，选地标准应该是土壤肥沃平坦的土地；其次是整地，整地要精细，先平后翻耙耱，再压实；然后是施肥，即将肥料撒于土壤表面，不作混合；最后要压砂，铺砂要薄厚均匀，压砂时间最好是在冬季土壤冻结后，以免压砂时压坏土壤，造成砂土混合。

砂田耕种时采用特制的农具，即用耖来松砂，注意不扰动砂下土壤层；用双腿播种耧或单腿播种耧播种，将种子条播在砂下的土层，旱砂田适合播种各种谷类作物，或将砂层按照穴播穴位移开，把种子种到穴内后再还原，水砂田适合种蔬菜、瓜果；根系粗大的作物如玉米等清除秸秆时易引起砂土混合，减少砂田寿命，很少在砂田内种植。新砂田种植作物一般不施肥或只追施液肥或化肥；中老砂田可以补施有机肥，操作时将田面划分为若干条带，然后按条带分别把砂石移开，施肥结合翻耕混匀肥料之后，经整平压实，再铺上砂石，这个过程叫"喂粪"。砂田在种植过程中，因耕作方法不妥当，或砂石质量不好，或施肥、灌水技术不当等原因，易引起砂土混合，导致砂田功能减弱，土壤肥力降低，作物产量下降，这种现象称为砂田老化。老砂田必须更新，也即将原来的砂层清除出去，重新深翻、施肥、铺砂、压砂。

6. 化学覆盖

现代农业科技对农业生产的影响和贡献越来越大，在土壤保水方面，目前已取得了一些成绩。

保水剂也称吸水剂，是一种具有强吸水保水能力的高分子材料，吸水数量能达自身重量的几十倍、几百倍甚至上千倍不等，目前主要有淀粉类、纤维素类、聚合物类的保水剂。产品半径一般在 0.4mm 以下，呈白色或黄色粉末，加工后可成片状、纤维状或液体状。保水剂具有高的吸水性能，吸水 5min 内可达最大吸水量的 80% 以上，10min 后可接近最大吸水量；保水剂吸水后溶胀成为水凝胶，与水分亲和力大大增强，也具有强的保水性；此外，保水剂吸水后在适当的条件下可缓慢地释放水分，逐渐收缩还原至原有吸水性能，因此具有吸水和释水的双重性能，为其实际利用奠定了更高的价值基础。

保水剂施入土壤可以保墒。首先是因为保水剂施入后能有效地抑制土壤水分蒸发，减少土壤水渗漏和地表径流；其次，保水剂吸水后膨胀引起土壤体积增大，可以调节土壤三相比，改善土壤物理性状，提高持水力。因此，砂土或砂壤土中施入保水剂可以通过增加土壤液相比而获得较高的持水性。目前，保水剂主要是以包衣、蘸根、拌种的方式使用或直接施入土壤。

如果说保水剂是一种直接保墒的化学制剂，那么抗蒸腾剂就是一种间接的保墒化学制剂。根据研究，植物吸收的几乎99%的水分会通过表面蒸腾而进入大气中，通过施用植物抗蒸腾剂能有效抑制蒸腾作用，可以间接地减少土壤水分的损耗，相对增加土壤水分。因此，旱地农业生产中利用抗蒸腾剂，能大大缓减干旱地区水分紧张的状况。生产中利用的旱地龙就是一个范例，其主要成分是黄腐酸，可以拌种或叶面喷施。

此外，土壤结构改良剂也能使土壤保墒。它是一种田间化学覆盖剂，由一种高分子化学物质制成的乳状液，可直接喷洒到土壤表面，喷施后能很快形成一层覆盖膜，起到类似秸秆、地膜、砂石对土壤覆盖保墒的作用，也称液体覆盖膜。

（二）深松耕技术

深松耕是采用无壁犁、深松铲只疏松耕层而不翻转耕层的一种土壤耕作法。犁被称为松土犁或深松犁。这一技术包括了以下措施。

1. 全面深松耕

全面深松耕就是应用深松犁全面松土。松耕后耕层呈较均匀的疏松状态。此法需要比较大的动力来助力，在基本建设于农田上的搭配使用最为适宜，让黏质硬土即耕层浅这一部分的土质得以改造。

全面深松要求土壤含水率在15%～22%，深松时间应在前茬作物收获后立即进行，作业中深松一致，不得有重复或漏松现象。深松深度一般为35～50cm，通常3～5年深松一次。若天气过于干旱时，还应进行增墒。

2. 局部深松耕

从松土上而言，有局部的以间隔式的不松土形式，还有利用凿型铲、杆齿又或是烨形铲等方式来进行。利用以上两法所松之土其地面会以一行疏松一行紧密的相间式呈现，即局部深松耕。这种方法可以在播种前休闲地上进行，也能在苗高 20～30cm 时的行间进行。由于耕层内同时存在疏松与紧实间隔的条带，既有利于降水的及时渗入，也有利于土壤水分上升而满足作物生长需要。坡耕地进行局部深松耕，因紧密又结实的原因，在土壤水分于耕层的部分可直接吸收而不会沿着犁底层往耕层的内向坡下流动。疏松带也利于好气性微生物活动，利于耕层土壤有效养分的形成积累。因此，局部深松耕法有明显的蓄水和增产效果。

局部深松也要求土壤含水率在 15%～22%，以种植物的区域性的行距和特定时期的降雨量为标准来完成深松间隔，比方说间距较小的深松便表示其地区在降雨量这块不仅集中而且还比较大，相反则深松间距会需要扩大。60cm 以下是小麦的一般选择范围，80cm 以内则是玉米的选取区域。当收获了前茬作物后便可进行深松工作，而 23～30cm 为深松深度，当然无垢无痕是地表于深松后的结果。一般 3～5 年深松一次，若天气过于干旱时，还应注意增墒。

3. 少免耕

与传统耕作相比，耕作次数减少，或不耕作的技术措施均属于少免耕。

（1）少耕。少耕是指在一定的生产周期内尽量不要多次耕翻，就像用隔年的深翻或者是三年一次的深翻来代替每年一次的深翻。当少耕与其他措施结合使用时，还可形成以下类型。

1）深松少耕法。这一类型与深松耕作法相同。

2）少耕覆盖耕作法。该方法是云南省农业科学院试验成功的一项适用于热带北缘和亚热带地区的保护性耕作技术，具体的做法是：前作小麦收割后不翻地整地，用牛或开沟机开出玉米播种沟，沟宽 20cm，沟深 15～20cm，沟距（即玉米行距）80～100cm，沟间保留残茬。播种沟要求深厚、细碎、松软。玉米出苗后 20～30 天铲草皮一次。同时，每亩用作物秸秆 750～1000kg 覆盖地面，或在玉米间播种满园花、一年生草木樨等作为覆盖作物，直至收获不再深中耕高培土。玉米收后，清除地面杂草，不翻地整地，用人工开深度 15～20cm 的小麦播种沟，条播小麦，盖上秸秆即可，增产效果非常明显。

3）搅垄耙茬。搅垄耙茬是在麦收后用耙将地耙深耙透，使根茬和表土充分混合，然后打垄。8 月中旬搅头遍，形成张口垄，以利接纳降水、诱发杂草，待杂草未成熟前扶一遍垄，以杀草。第二年春，大豆出苗前进行垄沟深松，有增温效果。由于它不翻转土层，肥土集中，土壤水分散失少，因而适于低温冷凉及需要垄作的情况下应用。

4）硬茬播种。硬茬播种是在半湿润偏旱的华北及关中地区，一年两熟的情况下，于冬小麦收割后复种夏玉米时所常采用的一种保墒耕作方式。即在冬小麦收割后的茬地，按照玉米行距，沿麦垄行间用冲沟器（耧子或独犁）冲沟播种。待苗高至 15～20cm 以后，再于行间进行浅耕或深中耕，以接纳伏雨并进入正常管理。这种耕作方式既可减少犁地时的土壤水分散失，又可保证尽早播及全苗，有利于夏玉米的生长及高产。

5）垄作深松耙茬耕作。垄作深松耙茬耕作是在垄作地区，在垄作的基础上结合使用机械，并根据实际情况（原有耕作基础、土壤肥力、湿润情况等），采用原垄深松、耙茬深松、垄翻深松和中耕深松等。前三类是在春、秋休闲期间进行，中耕深松在苗期或作物生长期进行。

6）轮耕。这种耕作是利用深耕后效，变连年翻耕为隔一定时间翻耕，对深耕后播种的茬地，只行旋耕或深松或两者结合进行。耕作时尽可能保留残茬覆盖地面。耕后平播或垄作。在已行垄作的基础上，则深松、垄翻、耙茬结合进行，要求秋天不动土或少动土，春天也以少动土为宜，减少耕作次数，以能达到保墒又能松动土层即可。连续深松或表土耕作——旋耕、耙茬，第二年、第三年后再进行翻耕，如此进行轮耕。

（2）免耕。免耕也称零耕作。它是在玉米的收割季节即秋季，在同一时间打碎玉米秸秆，以覆盖地面的方式结合磷、硝酸铵以及钾肥在入冬或者进入春季时开始在冻土上进行挥洒。在播种的过程中，用免耕播种机开播种沟（6~7cm宽，2~4cm深）播种玉米，土壤杀虫剂与肥料混施，除草剂在播种后喷撒。可见，免耕是以秸秆覆盖（生物措施）代替土壤耕作。这样保持了土壤的自然构造，增加了贮水量，使有益微生物的群落繁殖起来，增加土壤有机质、水稳性团粒含量，从而防止了土壤风蚀和水蚀。另一方面是以化学措施（除草剂、杀虫剂、杀菌剂）代替土壤耕作（如除草作业和翻埋害虫及病菌孢子）。

保持水分及肥料尽可能地不动土原则是保护性耕作的要求所在。而免耕播种的关键在于开沟技术的优良性，当然这也是土壤所要求的不但要紧实，且有秸秆及残茬于地表上覆盖。

1）开沟技术的方式。

第一，开沟时以移动式进行破茬的方式。一般要求开沟深度为10cm左右，实现肥下种上的分层施播。小麦类作物根茬小，对窄形开沟器的阻力也小；玉米的根系虽然大，但主要集中在地表4~7.2cm，开沟10cm深度可将根茬挑起，顺利实现破茬开沟。

第二，开沟技术二破茬滚动式。现以破茬的圆盘式为主要应用。在地表上通过圆盘利用特定的正压力来进行滚动，把土壤还有根茬切断开，完成施肥、播种等。当播种机组平行于平面圆盘时，圆盘便只可进行根茬、秸秆以及杂草的切断或切开，以切开缝隙的形式于地表上，后面另有开沟器用于播种。但播种机组与平面圆盘在前进时呈现出一定程度的夹角，便可在沟内直接进行施肥与播种。

第三，开沟技术三破茬动力驱动式。轴的输出是因为动力被牵引装置所利用，旋转轴安装在开沟器的前面即播种机上且装上驱动配置，利用旋耕刀即安装于旋转轴中、缺口圆盘等旋转入土破茬，此技术应用较为广泛。

保护性耕作时秸秆会大批量的覆盖在地表上，而开沟器会在播种时期被其缠绕，以及容易因间作在开沟器的堆积而引起堵塞情况，致使播种工作无法如常实施，而在质量上也无法保障其的播种。因此，免耕播种过程中防止堵塞也是播种中的重要环节，应给予高度的重视。

2）防堵塞技术。

第一，采用圆盘滚动式开沟装置防堵。此法具有良好的防堵性能，但是由于圆盘开沟器需要较大的正压力，使其具有播种机质量加大、种肥分施能力差等缺陷。但从防堵角度看，圆盘滚动开沟技术优于移动式开沟技术。

第二，粉碎秸秆、加大开沟器间距防堵。播种前对秸秆进行粉碎是防止缠绕和堆积的有效手段，覆盖的长秸秆越少，缠绕的可能性就越小。实际上，即使在开沟器上有部分秸秆缠绕，如果开沟器间距足够大，也会在播种机前进的过程中受到一侧较大的牵阻力而脱落，不会造成堵塞；如果开沟器间距小，即使只有少量秸秆缠绕，两个开沟器上的秸秆也会容易交缠在一起造成秸秆堆积，必然会发生堵塞。所以，加大开沟器间距使秸秆有足够的空间通过，可有效地防治堵塞。

第三，非动力式防堵技术，又称为被动式防堵技术。在行距较大的宽行播种机上，加装非动力式防堵装置，增强防堵能力。常用的防堵装置有开沟器前加装分草板、分草圆盘（一般为凹面圆盘）。播种作业时，分草板或者分草圆盘将播种行上经过粉碎的秸秆推到两边，减少开沟器铲柄与秸秆的接触，实现防堵；也有的是在开沟器前方加装呈"八"字形布置的分草轮齿，在播种作业中，利用轮齿将播种行上的秸秆向侧后方拨开，实现防堵。这种技术有一定的防堵效果，适合于粉碎后秸秆量较大条件下的玉米播种。

第四，动力驱动式防堵技术，又称主动式防堵技术，是利用牵引装置动力驱动安装在开沟器前的防堵装置，通过对秸秆进行粉碎、抛撒等作用实现防堵。另外，还可以在播种开沟器前安装粉碎直刀，以高速来进行动力驱动的旋转，通过开沟器粉碎了在前面的秸秆，且利用动能上旋转的高速性得以实现，使粉碎后的秸秆沿保护粉碎装置的抛撒弧板抛到开沟器后方，实现防堵。这种防堵技术既具有良好的防堵效果，又符合保护性耕作技术的要求，应用较为广泛。

保护性耕作中的种肥分施技术是作物生长、高产的有力保障，为防止烧苗，必须肥、种分施，且要求肥、种有一定的间隔。肥、种分施有侧位分施（一般为测深施，即化肥施在种子侧下方）和垂直分施（即化肥在种子的正下方）两种。侧施肥的优点是种、肥不同沟，种子深度容易控制；缺点是要开两个沟，会增加地表的破碎程度，对土壤的扰动加大，而且另外增加的开沟装置，使得秸秆通过的空间缩小，增加堵塞的可能性。垂直分施只需要一次开沟，对地表的破坏相对较小，播种机在秸秆覆盖条件下的通过性较好。但垂直分施需要深施肥后的自然回土，以保证肥、种间距，自然回土不可能完全一致，播种的深度变异较大。垂直分施时，开沟深度一般要求在 10cm 左右，会增加播种阻力。不管采用哪种分施方式，我国北方目前农业生产中一般保证种、肥间距为 4～6cm。

免耕播种时，还要考虑覆土镇压技术。由于开沟时，土壤质地相对贫瘠，含水量不合适的土壤会出现较大的土块，这种土块不仅会影响到播种深度的均匀性，还会出现种子与土壤接触不实，造成种子出苗率低而影响到作物的产量。因此，实施保护性耕作中要对土壤进行压碎、压密。目前免耕播种中对土壤的镇压多采用镇压轮，利用镇压轮的自重对土块进行适当的压碎、压密，保证出苗率。

免耕施肥播种时，还应注意种子和化肥的准备。良种是丰收的基础，因此，在播种前，应该挑选适合当地农业生产条件的良种。另外，为了避免排肥器堵塞和确保施肥量的精准，要尽量使用颗粒肥。

第二节　水土保持栽培技术

一、水土保持栽培措施的重要性

水土保持栽培技术措施具有因地制宜，能充分有效地利用当地自然条件的特点。在不同的环境条件下，实行不同的栽培技术如轮作、间作、套作、混播等，可以综合发挥多种作物的优势，扬长避短，相互促进，减少水土流失，培肥地力，取得稳产高产，同时也是省工省本、取得较高效益的一条重要途径。

水土保持栽培技术的种类主要有轮作，间作、套种和混播，等高带状间作，等高带状间轮作。

二、轮作

（一）轮作的意义和类型

轮作是指同一块地上有计划地按顺序轮种不同类型的作物和不同类型的复种形式。

我国各地自然条件差异很大，轮作的具体方式多种多样。大部分旱区气温较冷凉，无霜期较短，多采用一年一熟的轮作。部分水热条件较好的地区采用二年三熟或一年二熟或间、套、混等多熟制的轮作。

轮作因生产任务与种植对象而分成了大田与草田两种轮作方式。工业的原料或者是生产上的粮食是大田轮作的主要方向，不管是专业轮作的建立以满足生产需求而专门建立，还是以创建水旱轮作来实现国家对于农产品的所需，又或是以休闲轮作的方式为后茬作物在水及养分上的得以满足都是其的主要内容。而以牧草及生产粮食的作物同等重要的草田轮，它是以种植绿肥于作物的系里行间且是在季节的空闲期进行，也是以粮肥与绿肥相融合的轮作方式进行用地养地，更为主要的是生产饲料，当然也包括了饲料轮作来进行粮食或蔬菜的作物种植。

在水土流失地区，合理而科学地实行农作物之间或牧草与农作物之间的轮作制度，对提高农牧业生产和改善土壤水分—物理化学性质均具有深远和现实的意义。因为农作物生长在土地上，土壤会直接制约和影响农作物的生长和发育；农作物又是土地形成的主导因素，农作物种植在土壤里，直接影响着土壤理化性质的变化。

不同农作物产量的不同，产品主要矿物质养分含量相差也很大，所以种过一茬，从土壤里吸取的养分就不同。就一般年成而言，小麦从土壤里吸取的氮素较多，荞麦从土壤里吸取的磷钾较多。不同农作物利用土壤中难溶性养分的能力不同。麦类利用磷矿粉的能力甚微，几乎等于零；油菜、荞麦对于磷矿粉和过磷酸钙的利用效果相差不多。不同作物根系有深有浅，从土壤中吸取养分的深度不同。豆科作物能固定空气中的氮素，油菜不但能够利用难于溶解性的磷，而且还可以将一部分吸收的磷，以可溶的形态分泌到土壤中，这就改善了氮、磷的营养状况。因此，年复一年地种植同种农作物必然扩大各种矿物养分间的差异。有的土壤共种元素过多，有的则越来越少，导致土壤理化性质恶化，限制作物产量的提高。所以，在水土流失的地区，为了防止水土流失和改善土壤的理化性质，合理而科学地选择适宜的倒茬和轮作具有重要的意义。

（二）合理轮作方式选择

考虑采用一种轮作方式时，要使农作物产量最高，牧草生物产量也最高，这是比较理想而合理的轮作方式，除此之外，还必须考虑轮作方式对保持水土的良好作用。只考虑一方面的问题是不行的，要两者兼顾才行，这就增加了轮作方式选择的难度。改良后的轮作制注意两者兼顾，比一般的轮作制具有较明显的水土保持作用和作物增产效益。栽培农作物，按照它们的水土保持作用可分为三类。

（1）中耕农作物。玉米、棉花和土豆等是水土保持作用较小的，而且是容易引起土壤侵蚀的农作物。这些中耕农作物采取连年栽植，常常促使土壤结构的恶化，进而导致土壤透水能力的降低，并造成土壤侵蚀的发生与发展。另外，这些中耕农作物的行距和株距都比较大，对地面覆盖度小，这也容易引起降雨时的土壤溅蚀和表层土壤的侵蚀。

（2）密播农作物。小麦、大麦、谷物等禾本科和豆类，水土保持作用明显。而且，这些农作物又是水土流失地区的主要农作物。

（3）一年生和多年生牧草。紫花苜蓿、沙打旺、红豆草、木棉草等，这些牧草的水土保持和改良土壤的作用都很大。目前，我国水土流失地区实行草田轮作主要是采用以上几种牧草品种和有关的农作物实行轮作，效果比较明显。当然，由于各种牧草与农作物的生物学特性和各地区条件的不同，实行草田轮作时要特别注意它们之间的种间与种内关系。选择牧草，首先是要选择适宜当地牲畜生长的优良草种，在多年生牧草当中，不论是豆科和还是禾本科的，种类繁多，生性各异，必须依据当地气候、土壤等条件，选择好品种，并且还要考虑它们之间的生物学特性和种内种间关系，而最基本的是要看牧草种间的关系是互惠还是互相有害。这就是说，选择混合牧草最适宜配合的条件是寻找出它们种间地上部分和地下部分的互利，避免种间互相制约，或者说互相斗争的现象，否则牧草之间，或牧草与农作物之间的不利现象会造成不良后果。这样，不但牧草的产量没有增加，而且会对于土壤的改良产生不良影响。品种选择得当，轮作的成功就有了初步的保证。

（4）合理轮作的作用。作物因生理及生态特质都会有所差异，利用此差异进行作物种植的轮换交替即为轮作，对于土壤在化学特性和物理上会有所改善，使微生物于土壤中的状况有所调整，促进了氮元素的凝聚，在土壤的有机物上的消耗过度也被杜绝，因此在土壤的肥力上能更进一步，同时在杂草的去除与防治上能有效控制，也杜绝了虫害现象于土壤中传染及发生；轮作以科学合理的方式进行，为适期耕作、增施有机肥等提高土壤肥力的主要耕作措施创造条件，从而有利于作物生产等。因此，合理的轮作制可以协调农业生产中存在着的多种关系，例如，粮食生产与多种经营，增长情况即当年和持续的状况，土地的用养，高产还有多种，以平衡生态系统为目的来创建农业，且对于自然资源应多加利用等，同时也是合理利用土地以及制定农业技术措施，如土壤适期耕作和施肥制的基础。

（5）轮作中的休闲。休闲是增加土壤水分和调节地力的重要措施，休闲茬地的作物产量较未休闲的高。对稳产、增产起重要作用。国内外水土流失区广泛采用这一措施。休闲期间使降水贮蓄在土壤中，增加土壤对植物的供水量，这种作用不仅直接受到休闲期间降水量的影响，同时环境条件、土壤持水量以及休闲期间受土壤耕作等影响的土壤水分蒸发情况等也对其起决定作用。休闲能蓄积雨水和熟化土壤，增加土壤中有效养分（主要是硝酸态氨），起到显著的防除杂草和病虫害的作用。因此，土地休闲期间（夏闲和全年休闲）进行适当的土壤耕作是十分重要的。但是，单靠休闲轮歇恢复土壤肥力，不注重施肥和种植绿肥牧草，对土壤不进行适当的培肥措施，长期进行掠夺式耕作，只种不养，则会使土地日益贫瘠。因为休闲对土壤肥力的提高，是以消耗土壤潜在肥力为基础的。所以，在采用休闲方式恢复地力的同时，应考虑补充土壤有机质和营养元素。

我国不同地区采用不同的休闲方式，水热条件较好的地区种植冬麦，实行夏闲，即在夏熟作物收获后，即行夏季休闲，将夏秋降水贮蓄在土壤中，即"伏雨春用"。湿度条件较差的地区可采用全年休闲方式。雨量较少的地区还实行隔年休闲甚或连续休闲两年种植一年的三年二闲方式。风蚀地区也常采用带状休闲，即在一块土地上隔带种植作物，隔带休闲或种植牧草绿肥等保护栽培等方式。

三、间作、套种和混播

我国的农民在长期的劳作活动中，渐渐地对一些农作物的特点以及彼此之间的联系有了一定的了解和研究，充分利用它们之间的有利条件，改善一些不利的条件，从而发明了间作、套种与混播的种植方式。这些种植方式能够最大限度的增加单位面积的使用率，提高单产量，改善土壤质量，增加地表覆盖率，减少水土流失，保持水分等，是农业技术改革的一项非常有效的举措。

（1）间作：在一块土地上同时种植两种或两种以上的作物，分行间隔种植，如棉花和花生。

（2）套种：在同一块地上，当先种的作物还未成熟时，便在其行与行之间的间隙种上另外一种作物的方法，比如西瓜和辣椒。

（3）混播：在同一块地或者同一条或带土地内，均匀的撒播超过一种的作物。

间作、套种混播的好处在于增加了土地表层的覆盖面积和植被覆盖度，锁住了土壤与水分，减少水土流失。

间作、套种和混种的共同点就是在同一片区域内种植不同的作物，由于这些作物增加了土壤中根须的数量，这对于加固土壤、防土壤流失和改善土壤营养成分有不可小觑作用，特别是套种，因为地面一直被覆盖着，这样可以确保土壤不被雨水侵蚀。如玉米、红薯套种，玉米、大豆套种，既可以均衡土壤肥力，又可以保持水土。

选择间作套种与混作的形式和作物品种组合时，首先考虑的是使田地上农作物的覆盖度增加，减少水土流失，其次要考虑农作物的生物学特性、它们之间的关系，以及延长地面的覆盖时间。所以，我们应该选择高秆与矮秆，疏松与密生，浅根与深根，早熟与晚熟。禾本科与豆科等农作物相配合的组成。这样既能充分利用阳光与地力，又能增加地面覆盖和防止水土流失。

四、等高带状间作

等高带状间作，即以等高线为参照物将地带以若干条的形式进行坡地的划分，在密生与疏松的作物种植上利用交互或者说是轮流的方式种植在各个条带上，当然还有农作物与牧草等，是种植举措中对于坡地的一种水土保持法。当地面被密生作物带所覆盖，使它可以让径流减缓，为了确保疏生作物的有效生长也在一定程度上阻碍了泥沙的冲击，所以就增产和防蚀而言，它要优于一般间作；当然，在土壤结构的改良上，土壤的蓄水、肥力、保土等，都起着一定的作用，而且在轮作制度的安排上也更为合理，进一步推进了坡地转变为梯田的模式。

进行带状的形式间作模式过程，作物的疏生性在生长期间需要中耕，使土疏松，而且部分土壤外露，直接受到雨水的溅蚀和冲刷；而种植密生农作物带或种植牧草带则覆盖着地表，可以防止雨水的溅蚀与冲刷，缓解了泥沙于径流中的直接冲刷，也妨碍了水土的冲击即作物带的疏生模式中所产生的，确保了农作物即疏生状态的生长发展。所以，在坡耕地上采用等高带状间作就比间作的一般状态时在水土保持及作物产量的增长上作用更为显著。另外，带状性的间作作物，对于土壤有着一定的改良作用，使土壤在结构上更加趋于完美，为轮作等创造良好条件。

但在实施农作物带状间作时，一定要使条带符合等高线，尽量不要使条带扭曲；倘若土壤的结构性良好，透水性能大，则在短距离内（一般不超过 10m），即使稍微不符合等高线，也不会导致特别严重的水土流失。田地里沟壑比较多，而且坡度较大，带状种植最好能与坡式梯田相结合，可在梯田内的短行部分种植密生作物或牧草，每年收获后的休闲地，在无覆盖时，可依靠梯田地埂来得到保护。在坡度大于 5°时，在修筑坡式梯田的同时，再采用带状间作法，可使土壤侵蚀减少到最轻程度。农作物布设的原则，应该考虑全年，尤其是暴雨季节能够最大限度地防治水土流失，也就是要从上到下分带配置密生与疏生农作物相互交替种植、早熟与晚熟交替种植，一年生或多年生牧草与农作物交替种植，这样才能起到防治水土流失的目的。

（一）农作物带状间作

农作物带状间作，就是利用疏生作物（如玉米、高粱、棉花、土豆等）和密生作物（如小麦、谷子、糜子等）成带状相间种植。

在采用带状间作时，条带的宽度，应依据当地的降雨量大小、坡度大小和所种植的农作物品种而定。一般地说，在坡度大、降雨量大且强度大、土壤透水性小的地区，作物条带应窄一些，相反条带可宽一些。例如，坡度为 12°~15° 时，可以设置 10~20m 宽的条带；坡度为 15°~20° 时，条带宽可设置为 5~10m。但是疏生作物的条带可比密生作物、早熟作物和牧草带宽一些，因为中耕作物的株行距大，如果条带太窄，种植的行数就太少。

条带的宽度，在我国西北地区，尤其是在黄土地区，一般带宽为 5~6m，各地可以依据当地土壤侵蚀程度适当延宽或缩小。这种方法最适宜在坡耕地上，在梯田上也可采用，但带宽可以适当缩小。在沟壑密度过大，坡度太陡的条件下，应与修地埂、挖截流沟和修坡式梯田结合起来。

（二）草田带状间作

种植方式的带状相间的模式进行农作物和牧草的种植，即草田的带状间作。这种方法防止水土流失，增加农作物的产量和改良土壤的效果都很好。这一方法一般在坡地上广泛采用，在不是十分破碎的坡地上，或在沿着侵沟岸边的坡地上，亦能采用。

草田带状间作，因为草的密度大，增加了地面植被覆盖率，减低了降雨时雨滴冲击地面的能力，同时牧草生长时间较长，从而延长了植被覆盖时间。牧草带不仅能防止本带水土流失，同时能拦住作物带流失的水土。下年牧草带和作物带倒茬种植后，作物因有良好的营养条件，生长茂盛，故能达到增产的目的。

草田带状间作的设计和布置要根据当地的具体情况，因地制宜来确定。在选用牧草品种上和在确定草和作物种植宽度时，要根据不同的土壤、不同的坡度、坡形和当地的雨量大小而定。若坡度陡，雨量多且强度大，又是黏重的土壤，草和作物种植宽度均要缩小，而且草的种植宽度一定要大于或等于作物的种植宽度。若雨量小且强度小，土质疏松，渗水性好的土壤种植宽度可相应地增大些，作物的种植宽度要大于牧草的种植宽度。一般降雨在 400~500mm，坡度在 15°以下，草田比以 3:7 或 3:8 为宜，在设计草田带时一定要在坡地上沿等高线进行。

草田间作的方法就是沿着坡地等高线划分成若干条带，在农作物播种时，隔带套种牧草，当农作物收获后，就形成了牧草带和作物休闲地带相间的坡耕地。农作物带中经过几年的耕作过程，就逐渐使坡度变缓。在第二次轮作时，把作物带改为种植牧草，而将牧草带开垦种植农作物。经过几年之后，就可以将整个坡地变成坡式梯田或梯田。在比较陡的坡地上，为了更有效地防止土壤侵蚀，可以在带与带之间栽种 2~3 行耐干旱的灌木带。另外，在牧草带上，可采用水平防冲沟的措施，以便拦蓄地表径流，提高土壤含水率和牧草的产量。牧草在早春播种最为适宜。至于农作物带中的作物栽培，应该严格地按照相关部门规定的举措来实施栽培技术，即农业技术中的水土保持措施。

五、等高带状间轮作

以若干条带的形式于等高线为参照物的坡地进行划分是轮作以等高带状间的形式的第一步，第二步便是参照粮食轮作的需求，进行作物与草的以带为单位的分开种植，3 条以上的生草带种植 2 年以上的一面坡，另外用柠条带或紫穗槐在岇边线进行种植。

运用这一方法的好处有以下几个方面：

（1）将整体一分为二，一面用作草类种植，一面用来粮食种植，简单来说就是在坡地上实现退耕种草于农田的合理利用。

（2）轮作上将草类种植纳入其中，使草类种植面积得以巩固。

（3）在草茬上保持粮食的作物种植，使劳畜力的数量减少，同时也卸下了上山的负担，施于优质厩肥。

（4）促进了土壤结构的改善，同时在蓄水、保土于土壤上的能力得以提升。

（5）慢慢将坡地转变为缓坡式的梯田，也在轮作的制度上有着合理的制定。

第三节　土壤改良与培肥技术

一、土地复垦技术

（一）土地复垦的概念及现状

把丢弃农场更改为土地复垦是英国矿业以及环境委员会所定义的。但美国的俄亥俄州把它理解为用作农林牧副渔等用处，进行修整、植物等工作。而其他的国家也有另外的解释，比如，俄罗斯就把它认为改变被伤害的土壤生产能力，同时恢复土地的发展的生态环境为目的的各种数据的总要求。由此可见，各国各地区对土地复垦概念有不同的理解。

在我国，通常所认为的是对已经遭到伤害或者生产力减弱的土地进行恢复和再利用的综合性指标任务。众所周知，矿工类生产时对土地伤害最厉害的产业，所以在某一个方面来说，它的解释就是对采矿类行业土地的再次更新、利用，同时恢复这类土地的生态坏境。我国对此的有关条例中表示："土地开垦，就是说在进行制作建造的行为中，因为压榨、损害而造成伤害的土地，进行治理的行为，让这些土地都变成之前可以正常生产的一个状态。"目前，这一定义得到社会普遍认同。

美国和德国是最早开始土地复垦的国家。但美国土地复垦研讨的关键是露天形式和矿业丢弃地区的复垦，特别要重视它的长久成果和科学继续性。德国主要采取露天形式，而且复垦的关键是林农土地。英国土地复垦的重点是污染土地的修理、恢复及挖矿地区的丢弃土地的再次开垦。

我们国家的土地再次开垦的任务是从 1950 年末的时候进行的，但是那时候是存在一种很天然的情况，1989 年国家发布了这方面的规定，才说明土地的复垦有了法律的保护。这一点相对其他国家是比较晚的，但是我国的进展很快，目前已经连续复垦在进行利用的土壤已经达到了 10 万 hm²，大概占比总量的 8%。而且这方面的法律法规也在不断地更新完善中，建设了很多不一样种类的试点和区域，也取得了一些成功的经验。大概统计一下，我国在各方面生产建设当中受到伤害的土壤已经连续有 130 万 ~ 200 万 hm² 之间，特别是近几年来，国家和地方的基础建设和大型煤矿基地的建设，破坏面积每年以 2 万 ~ 2.7 万 hm² 的速度增加。由此可见，我国土地复垦的工作任重而道远。

（二）土地复垦对象与标准

由煤炭开发、工矿交通建设引起的土地问题主要表现为两个方面：一是占用农业用地，包括工业矿场、堆矸场、灰渣堆放场、露天开采剥离占压土地，以及交通与生活设施等占用地等；二是破坏土地，主要是开矿形成的采空区及其波及的地表变形、塌陷、裂缝，以及由此引起的水土流失、土壤污染和土地质量退化等问题。这些均是土地复垦的研究对象。在生产中依据它们的特征进行分类（见表5-2），以便更好地指导工作。

表 5 - 2　黄土高原土地复垦对象分类表

土地复垦类型	土地复垦亚类
煤炭坑采破坏土地类	（1）工业广场余土埋压的土地 （2）堆放煤矸石的土地 （3）煤矿废水浸泡的土地 （4）职工生活废弃物品堆放埋压的土地 （5）运煤铁路专线或公路专线两侧破坏的土地 （6）塌陷的土地
煤炭露采破坏土地类	（7）露采堆土场用地 （8）露采回填后矿坑地 （9）煤矿废水浸泡、淹没的土地 （10）堆放煤矸石的土地 （11）职工生活废弃物品堆放埋压的土地 （12）铁路专线或公路专线两侧破坏的土地

续表

土地复垦类型	土地复垦亚类
油气开采破坏土地类	（13）废弃井周围的废地 （14）运原油、气道路废弃的土地 （15）采油、气工棚废地
烧砖破坏土地类	（16）烧砖取土坑用地 （17）土坯生产废弃广场 （18）运土、运土坯、运砖道路废弃的土地 （19）烧砖工棚废弃地
道路建设破坏土地类	（20）取土石坑用地 （21）堆土场占地 （22）机具碾压破坏的土地 （23）油渣烧炼坑灶废弃的土地 （24）工棚废弃地
火电厂建设与生产破坏土地类	（25）火电厂工业广场余土埋压的土地 （26）灰渣堆放埋压的土地 （27）废水排放淹没、浸泡的土地 （28）职工生活废弃物品堆放埋压的土地
矿区城镇建设破坏土地类	（29）建筑取土石坑用地 （30）非建筑用土堆放用地 （31）居民废弃物品堆放埋压的土地

　　此类工作开展的重要任务就是把被伤害的土地恢复到未被伤害前的高生产能力，这是制定这类工作标准的重要根据。

　　（1）达到未被破坏的时候自然状态和生产能力。正常情况下，不管什么土地的资源受到伤害之后，是不可能完全复原到之前的生产力的，也只能尽最大的力量去减少这些破坏所造成的影响而已，让它恢复到以往的自然生产状况。事实上，对于土地复垦来说此标准已算是极限了。而对那些地稀人多、经济水平高的地方来说，如果这方面的技术可以的话，都是会要求达到这项条件的，就是要把恢复土地的生产力放在第一位。所以，在进行规则制定的时候，就需要对即将复垦的土地的生产力进行详尽的分析和研究；除此之外，了解到土地未被伤害之前的多种情况，而再次开垦之后一般会让这种情况降低，但是也会对其他的适合性的程度有了负担，所以在制定这些规则的时候，要了解复垦土地的地区差别和性质的差别，具体问题具体分析。

　　（2）复垦改造为具有新适宜性的另一种土地资源。对有些即将要复垦的土地的破坏程度及方式的认知，如比如电工厂垃圾丢弃点、煤矿破坏点等等待再次开垦的目标，此类型其实正常情况下比较困难让它们恢复到以往的复垦状态，只能说在了解其实际的现实条件下，制定出对其最有利的的方案，使其达到最好效果的生产力水平。目前，在国内外还有一种观点认为，原土地可作为大农业（垦种）用地，由于建设的需要，不是使破坏地复垦，而是改造为其他非农业用地。例如，在我国淮北矿区，普通的塌陷地，在进行一些填充、沉降的试验之后，可以当作不一样的指标的用地，这样就可以缓和生活用地的紧张现状。可是，现在的土地复垦，除了没有办法恢复使用的情况下，都会把农业类的复垦当作关键的对象。

（3）恢复植物，使其生态功能持续化。有些地区，因为经济水平或者进行复垦的难度大，又或许因为所受伤害的地区、地址以及器械无法使用等情况的制约，又或许在偏远的地方，土地的复垦目的关键就是防止水土流失、制止土地可利用水平降低及努力恢复其生态环境就可以了。

（三）土地复垦技术体系

其关键是说对丢弃的一些土地进行的一系列行为措施的总的称呼。由于废弃土地的类型不同，其复垦后的用途要求不同，所以采用的复垦技术也不一样。这里介绍几种废弃土地的复垦技术。

（1）砖瓦窑取土坑的复垦。砖瓦窑是破坏土地、侵占耕地的大户。砖瓦行业的原料是土壤，取土制砖瓦留下了大坑。其复垦方法有两种：①将储存水当作鱼塘或者水塘；②铺平、垫土进行种植又或者夯实当作建筑的地基。在填土铺平的时候可利用无伤害的废弃物，比如生活丢弃物、煤渣、矿渣等，如果是复垦之后用来种植被的，这种情况都是要在上面铺最少50cm的土；如果是当作绿化用地来用，厚度就可以不用那么厚。如果当作建筑的地基，就一定要有沉降，而且一定要夯紧、铺实了才能进行工程。

（2）煤矿塌陷区的复垦。在煤矿工程进行的地方经常会有坍塌现象，特别在平原区，塌陷深度大，塌陷面广，造成严重的土地伤害。煤矿坍塌的地方的复垦有两种方式。填实的东西有煤炭、煤渣和开矿地方的生活及建筑的废弃物等。通常情况下，矿区的固体垃圾可以填实1/4的坍塌区域，所以这项工作中最普遍使用的方法是以复垦的非充填式为主，利用蓄水的功能使其应用在水产养殖或者是以矿山城市中的公园水域来实现。

（3）煤矸石堆场的复垦。煤矿开采区不仅有塌陷区，而且有煤矸石堆场，煤矸石堆场压占了大片土地。整个地区的复垦有两种方法：①对煤矸石进行大清理之后再复垦；②在它上面直接铺上土壤进行植树造林。对煤矸石进行清理之后不仅仅把土地空出来进行复垦，还可以把它拿来去填实塌陷的地方，具有一举两得、事半功倍之效。但是从煤矸石上面直接铺上土壤进行植树造林，也是能够增加绿化面积的，尤其是在平坦的地区还能增加山水的绿化景点。

（4）城市废弃物地区的复垦。一般对其进行两步走：①废弃物的清理；②进行垃圾堆所占土地的复垦。在进行清理的时候要确定废弃物的掩埋地，并且要避开这些垃圾物对地下用水造成污染。正常来说这个选地都会在地下水的下流，而且最理想的地方就是封闭式的洼地，或将土壤将它填实，防止地下水受到污染。这类的地区一般可用于植树造林或者当作田地来使用。

（5）污染地的复垦。污染地的复垦办法一般是将污染的土挖走，然后填上新土。这种办法在转移污染土壤时，要避免二次污染，最好是将污染土堆放在不引起污染扩散的地点。另一种复垦办法是通过栽种抗污染的树木，让植物吸收毒素或微生物慢慢降解毒素。

（6）建筑地基的复垦。利用旧建筑地基来进行建设是可直接进行的。当建筑用地进行审理批准的时候，要将其所闲置的旧地基充分的利用上，这里所说的复垦就是把它再次开垦之后当作农田来使用。当前，为了加强农村现代化建设，各地开展了农田来使用。另一种复垦办法是通过栽种抗污染的树木，让植物吸收毒素或微生物慢慢降解毒素、矿渣等，如果是复垦之后用来种植被的，这种情况一定要把上面特别结实的那部分土质弄走，再重新铺上新的软沃土壤。亦能够使用分垄深翻的方法，然后再经过浇水来松弛土壤。无论是起土覆盖，还是深翻，其深度必须至少达到50cm，以满足作物根系活动要求。

（四）土地复垦规划

以目前的社会经济及自然资源情况为基础来进行土地复垦的规划，将因塌陷、挖损、压占等方式于生产建设中而因此被损坏的土地资源予以重新定位，为其今后的发展方向作出新的调整，同时从时间与空间方面制定改造利用的合理计划安排，其属于土地使用总体计划中的一方面，隶属于专项计划中的范围。

1. 土地复垦规划的内容

（1）前言。简单说土地复垦计划的目标、内容、根据和时间日期。一般前言部分还包括编制规划的简要过程、基础数据来源和其他需要说明的问题。

（2）复垦土地的概况描述。复垦土地类别、特征和范围大小，所处的区域、天气、地势、条件和水域情况，之前土地的情况和使用，土地的权利归属等。

（3）复垦土地的适宜性评价。在对其状况、实际条件和经济状况做了充分的了解之后，在经济方面和技术方面对其进行评估，看看其是否符合林牧副渔等方面的用地要求，如果不适合，要通过怎样的改造才能符合。

（4）复垦土地如何使用。首先对待复垦的土地做出适宜性的评估，然后根据复垦土地所在地的相关政策规定和实际需要，制订好相应的计划，而且要制定多种方案，通过在技术和经济方面进行比较，选择一种最适宜的。

（5）土地复垦的计划推进。依据已经确定的用处和需要开垦的土地的现状和情况，制定出把将要开垦的土地在变成确定了使用用途后所要采取的技术和措施。

（6）实施计划和经费预算。依据复垦土地的难易程度、面积和所采取的技术措施，算出要多少成本，再以资金的形态予以折算，以阶段性的实施计划进行具体的编制还有经费需求及物资的预估。

2. 土地复垦规划的原则

（1）因地制宜的原则。确定废弃地复垦后为何用，尽可能的以低成本高效益及因地制宜为着脚点，适合农业的就发展农业，适合发展林业就开展林业活动，适合发展畜牧业就发展畜牧业等等，甚至还可以改造成游览娱乐等场地。不见得复垦后的土地一律作为耕地或其他农用地。

（2）系统工程，统筹考虑的原则。土地复垦不能"头疼医头，脚疼医脚"。要将土地复垦当做一个系统工程看待，全面考虑。例如，复垦煤矿塌陷地要和复垦煤矸石堆场相结合，煤矸石正好充填塌陷地；甚至在开采煤炭时就计划好，将煤矸石排放在预测的塌陷区。再如，复垦砖瓦窑取土坑要和复垦城市垃圾堆场相结合，垃圾正好充填取土坑；甚至选择取土坑作为垃圾堆放地，直接将垃圾运到取土坑填埋。

（3）土地复垦规划和土地利用规划相结合。在规划土地复垦的这项计划时，一定要和土地利用的规划相结合且互相协调。即在制定土地利用规划时就确定废弃地复垦后的用途，并在制定复垦的规划时其规划内容需尽可能的全面、详细。通常，土地利用在总体上的规划要求是土地复垦规划所需满足的条件，在城市规划区内要符合城市规划的要求。

（4）将土地复垦规划与土地整理相结合。土地复垦不但要改变废弃地的形态与性质，确定复垦后的用途，而且要处理好复垦后的权属，做到公正和公平。

3. 土地复垦规划的程序

编制土地复垦计划通常可以分为四个时期。

（1）待复垦土地的勘测和综合调查。第一步就是要把复垦地区的各种已有的成果资料或原始资料，包括破坏前后情况和各种图纸资料等进行收集。其次对复垦区土地进行勘测，绘制较大比例尺的基础图件。

（2）待复垦土地的适宜性评价。从复垦土地的角度来说，其的自然条件、土地性质以及社会的经济技术等都是对其在进行分析前所需了解及掌握的内容，从而来对其要实行用地适宜性及适宜度评价。

（3）土地复垦规划。根据经济、社会、自然及生态条件规划复垦土地用途，制订复垦地段内的详细规划，并编制具体实施计划和所需经费、物资预算。

（4）实施阶段。根据土地复垦规划，将规划设计的项目，按时准确地落实到地面，付诸实施。土地复垦的途径和形式有两种：一是由对土地造成破坏的企业及个人自行承担复垦的工作；二是将复垦工作承包给有一定能力及条件的企业及个人来完成，土地复垦费用由破坏土地的企业或个人承担。

二、土壤盐渍化防治技术理论基础

盐渍化土壤是指对各种盐化土壤、盐土、碱化土壤和碱土的统称，一般简称为盐碱土。这些土壤含有可溶性盐的数量过多或碱性过重，以致对大多数作物都有不同程度的危害。

（一）盐渍土的分布

据统计，我国盐渍土的面积有 2500 万 hm^2，其中耕地近 670 万 hm^2，广泛分布在长江以北的广大内陆地区和北起辽宁、南至广西的滨海地带，台湾、海南岛的沿海地带，也有呈带状分布的盐渍土。

在我国北方广大内陆地区中，盐渍土主要分布在淮河以北、西北及青藏高原等内陆干旱、半干旱地区的河流冲积平原、盆地和湖泊沼泽地区，如东北的松嫩平原、松辽平原，华北的黄淮海平原，内蒙古的前后套平原，大西北的宁夏、银川平原，河西走廊，山西南北盆地，甘肃和新疆的各河流沿岸阶地、山前平原和吐鲁番盆地、塔里木盆地、准噶尔盆地、哈密倾斜平原，以及青藏高原的柴达木盆地和湟水流域，西藏雅鲁藏布江流域等，都有各种盐渍土分布。

盐渍土对农业生产所造成的影响主要体现在：盐分浓度的过高造成的植被缺水，影响了作物对养分的汲取和代谢的功能，且养分的有效性也因碱性的过强而有所降低等。

（二）盐渍土的形成条件

事实上，各种各样的可溶性盐在土层组合体或者土壤的表层以累积的方式而形成了盐渍土。盐分在土壤中的积累，一般是由下列各种不利因素综合作用的结果。

1. 气候

盐渍土以半湿润、干旱、半干旱等地区为主要集中地。由于以上所述地区的降雨少、蒸发量大，而其可溶性盐是通过成土母质所风化而出，淋溶不了的情况，就只可以随着水流搬运到排水不好的低洼、平坦之地，蒸发过程中，盐分便聚积于表层土壤内，导致土壤盐渍化。

2. 地形

地势低平、排水不畅是盐渍土形成的主要地形条件。在干旱、半干旱地区，盐类随地表水和地下水从高处往低处迁移的过程中，由于水分逐渐蒸发，盐溶液逐渐浓缩，盐类则按其溶解度的不同而逐渐分离，并沉淀在不同的地形部位上。最先沉淀的是碳酸钙，其次是硫酸钙，再次为碳酸钠、氯化钠和硫酸镁等。很明显，在地势较高和地下径流通畅的条件下，气候虽然干旱，土壤也可能不发生盐渍化，只有在排水不良或径流不畅的大中地形（如内陆盆地、山间洼地、宽广平坦排水不良的平原地区等）条件下，才有可能产生积盐过程。在小地形的角度来看，在平坦地势某处高的地方，因为其蒸发速度快，土壤所含的盐分就会从低的地方向高的地方移动，所以高的地方盐分积累程度就比较严重。所以就造成了在距离10m或者十几米、高度的差别仅仅在10cm左右的地区，高的地方就比低的地方的盐分高出很多，成为斑状盐渍土的形成条件。

3. 母质

母质对盐渍土的形成所造成的影响关键就取决于母质自身所含的盐分的多少。一些盐分在某个地质历史阶段就开始了积累，最终产生了含有盐层、盐地层及盐岩的古盐土；尤其在非常干旱的情况下，所残留下来的盐分成为了如今的残积盐土。有的内陆盐土，则是岩浆岩或变质岩就地风化释放大量可溶性盐而来。有些含盐母质则是海滨或盐湖的新沉积物，由于受海水和盐湖盐水的浸渍而含盐，滨海盐渍土就是在这种母质上形成的。

4. 生物

在干旱的荒漠草原或荒漠区，深根性植物或盐生植物从土层深处及地下水中吸收水分和盐分，将盐分累积于植物体中，在植物凋零腐烂之后，残留在植物体内的有机物质就会被分解，与此同时其所含的盐分又重回土壤内，而土壤的盐渍化也因此而加速。在新疆长出的红柳和胡杨树就拥有着这样的功效。此外，有些植被在成长的时候会把自身的盐分分解出来，这些盐分就会被日积月累到邻近的植被里面，这样也就慢慢地给地表增加了盐分的压力。但是，生物的这种积盐作用同潜水迁移、蒸发所引起的土壤盐渍化的作用比较起来是微不足道的。据苏联学者计算，在荒漠地区，由于潜水迁移及其蒸发，每年自潜水中进入盐分土的可溶性盐高达 $500 \sim 1000t/hm^2$，而植物平均每年自 $1hm^2$ 土壤中所吸收的各种盐的总量仅 $0.5t$。

5. 地下水位

盐渍土中的盐分是水分通过毛管作用带到土壤中来的。因此在干旱区域，土壤盐渍化的程度与地下水水位的高低盐分含有量的多少有很大的关系。水位越高，盐分就越容易随着含盐地下水渗透至地表，水分慢慢被蒸发，盐分却不能被蒸发，于是便停留在了地表。

在天干少雨的时候，不会造成地表积累盐分的最低的地下水储存的高度，这就是地下水的临界深度，它是人们在设计排水沟的过程中，确定排水沟深度的一个非常重要的参考。它不是一个固定的数值，它随着不同的情况而变化。它的关键条件有土质、气候、地下水含盐量和人为活动。正常来说降雨量越少，温度越高，降雨量行业蒸发量的比值越小，蒸发和下雨的比值就大，地下水临界深度越大；地下水含盐量越高，也会造成地下水临界深度越大。

土壤在很大程度上影响着临界深度的大小，这是因为土壤所具有的毛管性能，比如土壤中毛管水，毛管水上升速度快且高度大的土壤，都非常容易被盐化。

6. 人为活动

土壤盐化和人们采用的灌溉的方法有很大的关系，方法正确是能够改善土壤的盐分的；如果方法不当，就会让地下水位上升，造成盐渍化。因为人们不恰当的生产方式所造成的盐渍化，被称为次生的盐渍化，由此形成的盐土，称为次生盐土。例如，灌排系统不配套，有灌无排或排水不畅，使大量的灌溉水补给了地下水；大水漫灌、串灌、渠道渗漏，平原蓄水不当，水稻插花种植等都是引起土壤次生盐渍化的因素。

（三）盐渍土的改良措施

利用、改善此类土壤的措施主要有：水利措施，如灌溉洗盐、排水、放淤引洪；农业技术措施，如耕作、平整土地、施肥、客土等；还有生物措施，有种草、种树等；化学改良的措施，如石膏的施用等。

1. 明渠排水

利用降雨或灌溉等方式对聚积在土壤内的可溶性盐碱实现随水下淋。再利用排水措施将通过下淋的含盐水分予以排走，保证土壤不再有返盐继而起到淡化的作用。除此之外，排水不单单可以降低地下水的水位，有效阻止含有盐分的地下水向地表集聚，从而导致地表返盐和土壤盐分的积累，同时还来得及将水中的盐分排泄出去。以免造成沥涝灾害。所以，排水在改良盐渍土和防止土壤盐渍化方面是一项根本性的措施。由于自然条件和地形部位的不同，防治土壤盐渍化所应采取的排水措施也有所不同。

在旱季，地下水埋藏较深、水质较好的冲积平原的中、上部，一般无盐渍化或只有轻微盐渍化。在这些地区，排盐任务不大，只需建立稀疏的骨干排水深沟，以控制雨季时地下水位上升即可。在有洪涝威胁的地区，为了及时排除洪涝，防止土壤盐渍化，则应健全排水系统，在田间增设浅沟。至于在地下径流不太通畅、水质相对来说较差、盐碱度较高而且在洪涝厉害的平坦区域的坡地上，想要实现洪涝的排除、盐、水的排出以及地下水位进行有效控制，那么少不了的就是有着健全的深沟排水系统。土质盐分多的地方而且水分又少的干旱区域，想要降低盐碱度，就得利用灌排的相互协作，除了灌还得有排，双管齐下，进一步的加快洗盐水的排出，促进土壤脱盐。

在地下水位高、矿化度大、地势低洼、排水困难的盐碱地，除了修建干、支、斗、农、毛各级排水设施外，还应修筑台田。台田实际上是把毛沟加宽、加深，把从沟中挖出的土垫于田面，形成较高的台田，从而相对降低了地下水位，有利于土壤脱盐和防止返盐。

盐碱土地区一般都采用明沟排水，也有些地区在地下水计划深度处埋放暗管或修建暗渠排水的，效果良好。暗管排水不占耕地面积，还可避免塌坡淤积、保证排水通畅，但施工复杂，投资大，而且还不能排出地面水，目前在生产上还未能普遍应用。

2. 竖井排水、灌排结合，井沟渠结合

近年来，在我国北方盐碱土地区中，有些地方如山东禹城、河北曲周及山西等地先后采用了竖井排水。盐渍化地区挖井其目的是利用地下水的抽取实现灌溉与洗盐，此方法不仅使地下水位有所下降，还将处于土壤其表层部分的盐分予以淋洗，起到了灌溉排水排盐的作用。有的地方还在汛期到来之前，抽排矿化度较高的地下水，腾出地下库容，既能防止汛期因雨水补给而抬高地下水位，又能加速地下水淡化。目前已把单纯的井灌、井排发展到与沟、渠和坑塘相结合的灌排体系，实行地上水、土壤水和地下水统一调节与控制，成为综合治理旱、涝、盐、碱、咸的一项有效措施，在农业增产中起到了良好的作用。

3. 洗盐排水

这类的措施就是对相应的地质进行浇水，让土质里面的盐溶化，并且经过渗透将土质里面的可以溶化的盐分冲刷出去，然后通过特定的排除沟子来除去。

（1）盐碱荒地开垦前的冲洗。使用大量的水分进行冲刷，将土质里面所含的盐分减小到可以让农作物很好的成长的程度之内；其充分程度可依土壤盐分组成、作物种类及生育时期不同而定；由于作物苗期的耐盐能力最低，因此冲洗脱盐应以此为根据。华北、临海的一些半湿润的地区，其土壤中主要成分便是氯化物的盐土，通常以 0.2% ~ 0.3% 为冲洗脱盐的标准；如果盐土土壤中以硫酸盐为主要土壤，则以 0.3% ~ 0.4% 为标准。从西北的水分少的区域，氯化盐的土质使用 0.5% ~ 0.7%，硫酸盐盐土采用 0.7% ~ 1%，盐化碱土采用 0.3%。另外，为达到冲洗脱盐标准所需单位面积的洗盐水量，称为洗盐定额。洗盐定额因土壤原始含盐量、盐分组成、土壤质地等而异。一般来说，原始含盐量越高，土壤质地越黏，洗盐定额越大。

（2）盐碱耕地的灌溉冲洗。不但需要给农作物足够的水，而且对其土壤的盐分予以淋洗，对土壤中溶液的浓度予以调节，使土壤水盐动态向稳定脱盐方向发展，并结合农业技术措施，巩固和提高土壤脱盐效果。

灌溉洗盐要因地制宜。早春灌溉洗盐应极早进行，以免影响春播。对于越冬作物如冬小麦，则视土壤墒情而定，墒情不好、苗情较差的也应早灌（返青水）；墒情良好、苗情正常的，则可以推迟到晚春灌水（拔节水）。这样都能起到压盐补墒的作用。华北地区的排水系统，在田里面的盐分再次返回，或伏耕晒垡后灌溉冲洗，此时盐分积聚在土垡表面冲洗最为有利。这时灌溉冲洗后，土壤水分充足，盐分含量低，气温下降，不易返盐，春季墒情也好，利于冬小麦越冬和返青。

无论是荒地或耕地的灌溉洗盐都必须有排水工程，用以排除土壤中含盐水分和降低地下水位。另外，还必须加强田间耕作管理，防止返盐。

4. 放淤改碱

放淤，其实就是将夹杂着泥沙的洪水引向到之前已经规划好的地方即"畦块"。它的周围不仅有围堰和进水口与出水口，当洪水被引入到畦块后，将退水口封住，让泥沙逐渐沉降，最终以淤泥层的形式呈现。这个方法在盐碱区域经常被使用。这样既可以有新的不含盐分的土壤，又冲刷了之前土质里面的盐分，而且多年的这种方式就可以使地面增高，这样地下的水位就减小了，可以控制土壤再次冒出盐分。此外淤泥层养分丰富，群众说："淤厚二三寸，顶施十车粪"，有利于作物生育，提高了作物产量。

放淤改碱首先要修建灌排系统和配套工程，筑好畦田围堰，畦田大小视地形平坦程度决定，一般 20~50 亩一块。放淤的时间应选择河流水量丰富、泥沙总量大的夏季伏汛期，或春季的桃汛期。放淤的方法应采取动水、静水相结合的办法，动水放淤相当于串灌，淤地快，但质量差；静水放淤时间长、省工、省水、放淤质量好。两者相结合是以动水漫灌放淤至接近完成计划层厚时，堵闭进水口，改由出水口进水，淤灌至计划水层时，停止进水，待静水沉积 3~5 天，再泄出清水。此法速度快，质量也好。淤层厚度一般宜在 0.3~0.5m，而堵住有着淤泥的地方是应该有着另外的排解方法的，将土地进行平铺，对土壤进行施肥，这样可以进一步完善此项措施的成果，有效控制土质里面的盐分再次返回。

5. 种稻改良

这种行为，不但可以对土壤进行浇水，而且使用的还都是淡水。在这样的地区种植水稻，属于一边全面使用，一边还可以改善土壤的特质，双管齐下，可以更好地收到成效。

这种方法去改善盐碱地的效果很显著。因为种植水稻需要的水分会特别多，这样田地里面就要一直有水量存在，这就可以让土质中含有的盐分一直进行冲刷。而跟着水稻的种植日期不断增加，土壤受到的灌溉程度就会越多，冲刷的盐分也就会越多。依据之前的已经使用过地区的表示，就算土壤的盐分有 0.6% ~ 1%，在经过 1 年以后的水稻培育之后，盐分也可以减少到 0.1% ~ 0.3%。而且，因为浇水的水压，渗透到下面的淡水可以让之前非淡水的地下水慢慢被淡化，成为淡水层，如河北滨海盐土地区，有的稻田原来地下水矿化度为 30 ~ 35g/L，种稻一年后，矿化度降低到 3 ~ 9.8g/L。

盐碱地上种稻，既要高产，又要有较高的改土效果。因此，应注重：①完善浇水排水的措施。水稻的种植不但要有大量的水分进行浇水，还得有很好的排解水的项目。这样一来不仅仅可以排解那些非淡水，还能让庄稼在一定的时间里快速干爽，地下的水位就可以快速的减小，这样就能够满足更多的需求；②泡田洗碱，适当排灌。种稻前要泡田洗碱，使土壤耕层含盐量降低到对稻苗无害的限度内。泡田洗盐对土壤脱盐的作用十分显著。泡田洗盐用水定额，因土壤含盐量、盐分组成、土壤质地、地下水位、排水条件而异。一般来说，土壤含盐量越高，土壤渗水性越差，排灌间距要求越密，冲洗定额要求也越大。插秧后，应根据情况适时排灌，以保证既节约用水，又不使田间水层盐分过高。据情况适时排灌，以保证既节约用水，又不使田壤耕层含 1000m³ 以上。盐碱土大部分分布于北方干旱地区，春旱严重，正当水稻育苗栽秧时，往往水源不足，影响水稻生长和改盐效果。为了扩大种稻改盐效果，可以进行水旱轮流的作业。这不但能够合理全面地把水资源使用起来，增加水稻种植的更改面积，而且还可以在没有雨水的情况下更改土质的透气性，促进土壤中有机质的分解，利于养分的积累和转化，轮种绿肥更有利于增加土壤中有机质和氮素。这样既可改善土壤肥力，还能消灭杂草，减轻病虫害和调节劳力、畜力。

6. 耕作，施肥改良

（1）平整土地。此项措施能够清除一部分的洼地被盐分积累的不好的条件，让水分可以全面的渗透到地下，增加水分对盐分的冲刷，从而很好的防御土质的盐渍化。

这项措施是需要与田地的基础设施配合的，如排、灌、路、林、田等进行统一规划，土地划方后，做到大方粗平，小方细平，垫填结合，逐步整平。方法视地形起伏而定，起伏大的可以用抽槽法、方格法；起伏小的可以结合耕翻进行，或在高处插花挖土起高垫低。

（2）深耕深翻。这项措施可以使耕作层得以疏松，让土地变得松软，可以更好地耕种，而且还可以增强土地的透气和透水的性质。经过这项措施之后，能够快速地让土质的盐分得到排解，有效防御土地表层的盐分返回。

（3）适时耕耙。它能够放松土壤，控制土质表面和深层的水分的挥发，控制深层盐分运动到表层，造成表面土质的盐分的积累。盐碱地区群众在适时耕耙上的经验是：浅春耕、抢伏耕、早秋耕、耕干不耕湿。盐碱地区一般春季干旱风大，蒸发强烈，浅春耕有利于保墒防盐。抢伏耕是在夏季伏雨来临之前，抢时间进行中耕，破除地面板结，减缓地面径流，以便有更多的雨水入渗，增强淋盐效果。早秋耕是指在雨季后，向下淋移的盐分尚未返盐以前，及早耕作，以切断毛管，抑制盐分上升。秋耕晒垡后，适时耙地，才能创造和保持大小适宜的坷垃，达到保墒防盐的目的。春播地，秋耕后一般不进行耙糖、在次年早春顶凌耙糖、耙碎坷垃，以严密覆盖地面、抑制蒸发、防止返盐。

（4）增施有机肥，合理施用化肥，以肥改碱。施肥能够为土壤添加有机物质，是改善和培育好土壤的关键行为。不但能够改良土壤的构架，增强土壤的透气性和保留性，防止挥发，增进盐分的排解，控制盐分的返回，增速盐分的排出。特别是有机质进行分化中所散发的有机物质，不但可以缓和碱性，而且还可以让土壤里面的钙活起来，可以有效地缓解碱的伤害。从而可以使盐碱地的有机物质，不但可以缓和碱性，而且还可以让土壤里面的有机物质变成高产稳产农田。

盐碱土施用磷肥有良好的效果。施磷肥可以防治水稻的"稻缩苗"或"红苗病"。旱田冷凉，不发小苗，施用磷肥可以壮苗。除此外，在干旱和半干旱地区的盐渍土上，施用氯化物肥料，如氯化钾、氯化铵等，有加重氯离子的危险，应该注意少施或不施。

7. 植树造林，广种绿肥，进行生物改良

这项措施在改善土壤的盐碱度上效果良好。林带能够改变庄稼里面的天气，减小风的速度，增强空气中的湿润度，进而降低地面的挥发，有效的控制盐分的返回。而树木的根部可以吸收土壤里面的水分，然后从叶子中挥发出来，能够很有成效的减小地下的水位线。据测定，5~6年生的柳树，每年每亩的蒸腾量可达1360m³，起到竖井排水作用，加上树冠还能截留降雨，防止径流，使大部雨水能渗入土壤，起到淋盐和淡化地下水的作用。这都极有利于改良盐碱土。盐碱地上造林，应选择耐盐树种，乔木有洋槐、杨、柳、榆、臭椿、桑、沙枣等。灌木有紫穗槐、柽柳、杞柳、白蜡条、酸刺、宁夏枸杞等。种植时还要因地制宜，如高栽刺槐、洼栽柳、平坦地上栽榆树。杨树选择弱碱性，重碱沟坡栽柽柳。造树同时，还需结合改土整地。

绿肥牧草对盐碱土的改良也有很好的作用，因为它们有茂密的茎叶覆盖地面，可减弱地面水分蒸发，抑制土壤返盐；又由于根系强大，大量吸收水分，经叶面蒸腾，使地下水位下降，从而有效地防止土壤盐分向表土层积累。据测定，新疆地区紫花苜蓿整个生长期叶面蒸腾达每亩395m³，约占总耗水量的67%，种植紫花苜蓿3年，地下水位下降0.9m，土壤脱盐率也大有提高。

8. 化学改良

这类需要改良的土壤里面包含着许多的苏打和代换性钠，造成土壤的颗粒散开，碱性度的增高，使土壤于物理性质上出现恶化现象，导致农作物的正常生长受到阻碍。改善此类的土质不但要排解多出来的盐分，还得要减少里面所含有的多余的碱性及钠。因为，进行技术管理和水利管理的基础上，还得进行一些化学成分的管理，如石膏、硫酸亚铁（黑矾）、硫酸、硫黄、腐殖酸肥料等，将有更好的改良效果。这些物质通过化学作用，可降低土壤碱性，降低及改善盐分对农作物的伤害，一起调整、改变土质的成分和物理特质，以完成增强及改善土地生产力的目标；但其缺点是用量大，投资多。

三、土壤培肥技术

（一）高产肥沃土壤的特征

在我国，土地的资源是很富饶的，田地的使用方法也多式多样，所以拥有高生产能力的土质的情形都不一样。高生产力的土质的状况有着一样的地方，也有着不一样的地方。可总体而言，高生产力的土质和平常的土质比起来，还是有着一些特点的。

1. 良好的土体的构造

这是说土壤在深度为1m的范围内的土层其结构成垂直状，其内容有质地、土层厚度以及层次组合。在非常肥沃的旱地土壤中，通常都会有上虚下实的土层组合体结构，也就是我们说的耕作层疏松，通常的厚度都在30cm上下，质地松软；结实的心土层则质地就比较粘稠。不但可增温、通气、透水，使养分充分分解，还保证一定的水、肥料的补给。这类上下的土质层级都很好的土壤，可以为植被提供所有生长所具备的光、热、水、气等因素。

高生产力的水稻大都有着易于耕种的能力，透气且水分充足，而且有着很好的生产耕作层、新土层及沉积层。它们层级之间相互配合、搭配，不但可以进行营养的吸收和供给，还可以给根部提供生长所需要的营养，而且效果显著，可便于进行调整，进而达到更高生产能力的目的。

2. 合理搭配的土壤养分

高生产力的土质的营养成分也不是多多益善，任何物质都要讲究适度，有一定的衡量标准。在北方地区的干旱高生产力的土质，有机物通常是 $15 \sim 20 \text{g/kg}$ 以上的含量，而 $1 \sim 1.5 \text{g/kg}$ 则为全氮的含量，速效磷含量 10mg/kg 以上，速效钾含量 150～200mg/kg 以上，阳离子交换量 20cmol（+）/kg 以上。

肥沃水稻土的适量有机质含量为 20～40g/kg，全氮量为 1.3～2.3g/kg，全磷和全钾量分别为 1～15g/kg 以上，阳离子交换量一般为 10～25cmol（+）/kg。

3. 好的物理特性。

高生产力的土质大都拥有着很好的物理特性，比如性质合适，易于耕作，稳定的水分含量高，大小孔隙比例 1:（2～4），土壤容重 1.1～1.25g/cm³，土壤总孔度 50% 或稍大于 50%，其中通气孔度一般在 10% 以上，因而有良好的水、气、热状况。此外，肥沃水稻土必须有适度的渗漏性质。一般肥沃水稻土多为爽水田，日渗漏量为 9～15mL。如果田地的保水性不好，就会使土壤流失大量的养分。囊水田的渗透性不好，水多而空气却少，经常会因为有害的东西太多而导致水稻的成长。

上述指标既可作为土壤肥力高低的判别依据，又可间接推断作物产量的高低。因此，在中低产田识别中具有重要的作用。

（二）新修梯田改土培肥措施

1. 新修梯田的土壤肥力特点

黄土高原坡耕地修建水平梯田，耕层表土多不予保留，特别是机械化修梯田，地面表层几乎全为生土覆盖。在内侧挖方部位，坚硬母质露于地表，肥力急剧下降。新修梯田（1～4 年）存在如下不利于作物产量提高的因素。

（1）土壤肥力下降。山西离石水土保持研究所的研究表明，新修梯田由于表土深埋，生土裸露，表层 0～30cm 土壤有机质、全氮、碱解氮的含量很低，分别为 3.1g/kg、0.3g/kg 和 155mg/kg，依次比坡耕地减少 29.5%、30.2% 和 23.2%。甘肃定西新修梯田 0～30cm 土层，全氮含量降低 10%，碱解氮含量降低 6.3%，速效磷含量降低 21.5%，速效钾含量下降 10.5%，有机质含量下降 12.1%。

（2）土壤水分亏缺，土壤物理性状变劣。由于修建梯田过程中，土体受到翻动和转移，土壤水分损失。甘肃定西新修梯田 0～30cm 土层含水量为 31.6mm，而坡地则为 41.6mm。在未降大雨之前，山西新修梯田 0～40cm 土层土壤水分明显低于原坡地，6 月底前土壤含水率平均为 11.1%，比坡耕地降低了 1.1%。同时，由于田坎侧面蒸发，土壤水分散失加快。新修梯田受到机械碾压，田面土壤紧实，耕层土壤容重增大，孔隙度和入渗速率减少，内侧挖方更甚。

（3）土壤微生物量减少。在梯田修筑过程中，由于地表富含微生物的原耕层熟土深埋，0～20cm 土层内的真菌、细菌等微生物量显著减少，直接影响有机质和养分的分解和释放。

采取有效措施改土培肥，使新修梯田当年不减产，或比坡地略增产，是梯田建设技术中的重要环节。

2. 新修梯田改土培肥措施

（1）深耕松土。新修梯田耕层土壤生土裸露，切土部位土壤紧实，立即采用人工或机具深耕 20～30cm，耙耱 2～3 遍，使土壤疏松，促进生土熟化。

（2）增施有机肥料。据陈乃政等对晋西黄土高原新修梯田增施有机肥对作物产量影响的调查结果表明，马铃薯、谷子、高粱、玉米在新修梯田施用有机肥 28.5t/hm² 情况下，产量可达 3000kg/hm²；在同样施肥量情况下，糜子、莜麦的产量为 1425kg/hm²，已达到或高于坡地产量。新修梯田施用有机肥的肥效以马铃薯最好，其次为谷子、高粱、玉米，糜子和莜麦的肥效较低。在每 hm² 施用有机肥 75t 范围内，作物产量随施肥量增加而提高，一般以 37.5t/hm² 施用量较为经济合理。

（3）有机肥配合增施化肥。黄土高原新修梯田土壤更具有岩性土特征，肥力极低。在有机肥施用基础上，配合增施氮肥和磷肥，培肥和增产效果更好。据王晓泉等有机肥配施化肥试验表明，土壤有机质增加了 20.2%～21.2%，水解氮增加了 18.3%～22.3%，阳离子代换量提高了 33.3%。每 hm² 施 P_2O_5 150kg，土壤速效磷由 6mg/kg 增至 18.4mg/kg。在另一个综施培肥试验中，由于施用了各种肥料，平均提高率为全氮 29.1%，全磷 24.2%，有机质 23.0%，水解氮 20.6%，速效磷 25%，速效钾 50.4%，阳离子代换量 16.7%，脲酶 113.6%。配合施用有机无机肥料，可达到显著增产效果。单施氮肥仅增产 6.6%，而氮肥配合土粪增产 89.5%，氮磷化肥配合土粪增产 148.6%。土粪与磷肥在新修梯田上增产效果高于其他农田。研究表明，单施氮素化肥效果不好，除水解氮有明显增加外，其他养分和有机质均没有增加，增产效应也不明显，4 年平均增产 6.6%，低于有机肥和磷肥配施效果。因此，施磷肥和土粪是新修梯田培肥的重要措施。

此外，黄土高原的群众有在新修梯田增施黑矾（$FeSO_4$）加速生土熟化的经验。经多年试验研究，以有机肥结合施用黑矾效益明显。新修梯田施用有机肥 $15t/hm^2$，同时结合施用黑矾 $225 \sim 750kg/hm^2$，可有效地起到改土培肥作用，与不施用黑矾的对照相比，冬小麦、谷子、高粱等可增产 10% ~20%；马铃薯可增产 26.6% ~81.6%。

黑矾改土培肥和增产的原理，在于富含 $CaCO_3$、pH 值为 8 的黄土，经加入 $FeSO_4$ 后，反应释放出 CO_2，可疏松土壤、降低土壤容重、促进土壤熟化，并能增加铁、锌等微量元素，土壤有机质含量也有所增加。

（4）选择适宜的先锋作物。黄土高原新修梯田多为生土，土壤物理性状差，肥力瘠薄，宜选择适应性强的作物为先锋作物。据群众经验和大量的试验研究表明，新修梯田的先锋作物以马铃薯为最好，其次为小麦、谷子、糜子、扁豆和荞麦。在水分条件好、肥料充足的梯田上也可种植高粱和玉米。当前新修梯田首先种植马铃薯已得到普遍推广。

（三）低产田土壤培肥的基本措施

1. 合理增加有机肥料，提高土壤生产力

增加有机物质，不但可以为植被提供养分，还可以改变土质的性质，增强土壤的生产力。有机物在培养肥料方面有着举足轻重的地位，在土壤里面施加有机物的肥料可以改善土壤里面的活性物质，清除不利于土壤肥力增加的东西，增强土壤的生产力，这一个措施对增强土壤的生产力起着重要的作用。

（1）有机物的好处。它的优点是所有的肥料都无法更替的，这种肥料在水果的作物中更是很关键。①它不仅仅本身含有大量的氮磷钾，而且还可以为作物的生长提供大量的微量营养成分。②它还是植物碳类养分的来源。因为有机物质的分化之后散发的 CO_2 也是植被成长的关键物质。它散发的 CO_2 是可以让植被提高大概 40% 的生产力的。③有机物可以让土质里面好的微生物加速活跃，快速分解植被不容易吸取的养分，从而让植被更好地吸收营养，促进植被生长。④它还含有一种被称为腐殖质的东西，可以让土质结成颗粒，改变土质的性质，调整土质的营养、水分及热度的现状，进而增强土地的生产力。因此，结合实际的情况去利用玉米秆还田、直接或者间接方法的还田，同时运用少许的化肥来调整碳氮比，增强土质有机物质的成分。而肥料要在特定的时期进行翻压，深度在 15cm 上下，铺的新土一定要紧实。

（2）对有机肥进行处理。施用的过程中有机肥必须进行"人畜无害"式的管理。有机肥（人类和牲畜的排泄物）但都含有菌虫、病菌等，而有的杂草一般都会传递害虫来伤害农作物。所以，有些有机物是必须进行管理之后再使用的。现在来说，这种管理的方式分为三种：一是化学法：这类的方法一般不经常使用；二是物理法：利用高温的方式，但是这种的方式会让营养流失而且成本大；三是生物法：经常使用的一种最佳的方法，常用的形式有三种。

1）EM 堆腐法。EM 属于一种喜欢氧气及厌恶氧气的一种微生物，由多种菌类组合而成，在多方面使用的都很多。它可以除菌伤虫，优化环境和增强植被成长等效能。使用它进行有机物的管理，能够达到无害化的效果。详细的步骤有：

A. 买 EM 原料。把水和蜜水（糖、醋及酒都可以）及 EM 原料混合。

B. 把人、畜的粪便弄干。

C. 把青草、干稻草和桔梗等切碎，放入米糠搅拌均匀。

D. 把膨松物质和粪便搅拌均匀，然后在水泥地面上铺成肥料堆。

E. 然后再在上面铺上一层麸子，之后洒上备用液，每 1000kg 配 1000～1500mL。

F. 同理，再铺第 2 层。每 3～5 层铺一层塑料膜来发酵。每当温度在 45 ~ 50℃时就翻一回。大概需要 3 ~ 4 次方可。之后，肥料长出白色霉菌，散发香味，便可以用了。而夏季则需 7 ~ 15 天，春季则需 15 ~ 25 天，冬季就会更长一点。在制作的过程中，会受到很多因素的影响，所以进行的时候必须要不断地验证和探索才可以。

2）发酵并催熟。若买不得 EM 原液，也可自己制作这种催熟的粉末来进行，步骤可以分为：

A．发酵催熟末的制作。将糟糠、饼子、豆子、糖类物质、黑炭粉及酵母粉按照相应的比例进行搭配，切记要把糖放在水里面。将其搅拌均匀，60℃的环境下面发酵 30 ~ 50 天。

B．堆肥。把粪便弄干，然后把它和膨松物进行混合，加进催熟粉，搅拌均匀，然后进行堆肥发酵。这期间，依据温度的起伏，来看发酵的程度如何。温度在 15℃的时候，发酵的温度可以达到 70℃，等到 10 天之后要翻滚一回。这个时候的温度已经可以到 80℃了，没有什么味道了。之后再过十天，再翻滚一回，此时的温度已经达到了 60℃，然后过十天再翻滚第三次，这个时候的温度就已经到了 40℃，翻滚后的温度可以到 30℃，而含水量也在 39% 上下。后面就不用翻滚了，一直等到成熟。这个时间需要 3 ~ 5 天，而最多也就 10 天够了。等到输了堆肥也就完成了。高温的方式可以达到杀菌的成效，将有机物化肥进行合理的管理。

3）工厂化无害化处理。粪便如果有很多，就可以进行这种大规模的管理。先收集粪便再进行烘干，水分保持在 20% ~ 30%。之后进行蒸汽消毒，注意温度不可以过高，保持在 80 ~ 100℃之间即可。太高会让营养流失。高温可以杀菌，经过 0.5h 左右的时间就可以将害菌消除得差不多。而且一般的消毒地方都会有除臭的设备，把味道排解。之后再往里面加入一些矿物质，造粒之后再弄干，就可以打造出有机物的肥料。具体的步骤可分为：

消毒房内装有脱臭塔除臭，臭气通过塔内排出。然后将脱臭和消毒的粪便，配上必要矿物质，进行造粒，再烘干，即成有机肥料。其工艺流程如下：

收集→烘干→排毒→除味→搅拌配方→造粒→烘干→筛选→打

包→储存

进行无公害的管理后，可以有效地避免一些污染。

（3）提倡使用微生物肥料。自然含有的人畜类的排泄物不经过处理直接给土壤施肥，农作物对其的吸收就比较困难，而经过生物的分解之后再施肥就会更容易使得农作物吸收。比如，氮肥可以给农作物供给养分。而磷、钾也可以为作物提供必要的营养素。所以，可以通过我们自己的力量来增强土壤的生产能力。但是在制作的时候一定要按照国家规定的使用要求去进行制作。

（4）掌握土壤和肥料的卫生标准。根据实际的现状去进行管理，增强土质的生产力，同时可以让农作物更好地吸收养分，避免土质的污染。而且，要根据每个土地的肥力的大小来进行相应的种植。提高生产力，就生物为主导；普通的，就高温为主导，具体问题具体分析来进行相应的搭配。而对于相关肥料的使用和搭配一定要按照国家发布的相关规定进行，一定要通过国家相关部门的许可才可以。

（5）用有机肥作基肥。从果树来说，把有机肥当作基础的肥料，倡导用人畜排泄物进行肥料。前提一定要进行高温蒸熟，不得使用没有蒸熟过的排泄物。

（6）将有机肥与化肥配合施用。无机氮能够增加有机物质的矿物质；还可以增加生物的固有养分的成分。增加这样的肥料的目的是提高土地的生产力，所以，二者的结合有利于土地的更高生产力，特别是磷、钾和这些肥料搅拌均匀，能够增加肥料的成效。比如，含有磷的肥料进入土壤里面之后有两个特征：①移动的幅度短；②易被固定。所以农作物吸收起来就会相对难一点，减少了肥料的成效。而和有机物的肥料搅拌在一起就不一样，可以尽量不让磷和土地触摸，这样就可以易于农作物吸收养分。因此，混合肥料这样的利用效果最佳；而且先处理一下再利用，成果会更佳。

（7）配方施肥。要依据土质需要的营养多少来对相应的植被进行养分的补给，各种元素要根据相应的配比来搭配使用，就被称作配方施肥。而且随着现在科学技术的不断革新，现在已经有了复合以及复混的肥料，更加便利了肥料的利用。复合肥料由经过化学手段的过程制造而成的肥料，而依据它含有的营养成分的不一样，又可以划分为二元、三元的种类。一般常见的复合肥：一铵、二铵，用作果树当作基础肥料；二氢钾，当作追肥。复混肥则不同，经过物理手段制造而成的，营养成分更高。依据营养成分的不一样，可以划分为中、高、低浓度的三类。这种肥料是我们国家的化肥产业的重点发展区域，属于肥料这部分中的一次革新，而且也是改善目前土壤含有的养分比例不协调的重点。目前，随着科学技术的不断更新，多种肥料也在不停地出现，例如适合多种果树专用的肥料等。

（8）叶面的肥料。要求腐殖酸含量不小于 8.0%，微量元素不小于 6.0%，杂质镉、砷、铅的含量分别不超过 0.01%、0.002% 和 0.002%。按使用说明稀释，在果树生长期内喷施 2 次或 3 次。

（9）城市生活垃圾。一定要进行相关的处理，达到标准之后才能够使用。在每一年每一千亩的果园地的控制使用分量是：不可以逾越 4.5 亿 kg，砂性土壤不超过 30000kg。

2. 合理轮作倒茬，用地养地结合

轮流耕作这种方式在我国非常常用。可以全面的达到养地、用地的目的，这是我国轮作倒茬规定的主要特征。通常可采用绿肥作物与大田作物轮作、豆科作物与粮棉作轮流耕作与水旱轮流耕作等。

3. 合理耕作改土，加速土壤熟化

科学的耕作能够调节土质里面养分的比例，增加土质的透气和透水性，加快土质的熟化。

深耕细作搭配有机物的肥料，这是改善土壤性质的关键点。深层次耕种的主要目的就是在于增厚可以耕作的层级，改变土质的构造，减少土壤的负担，让更多营养物质相配合，增进微生物活跃，更改农作物生长的自然因素，改善生长环境的情况；加快土地的熟化。要注重一点，深耕是一点点来的，不可以扰乱了土质层的环境。而且，进行深耕的时候一定得具体问题具体分析，根据当地的实际情况去进行，比如，华北适合秋耕，而西北适合伏耕等。而在那些干涝轮流耕作的区域，一般都是在秋时和冬前的时候实施的，便于透气和将已经用犁翻起来的土在太阳光下晒，以此来改良水稻土质的特性。可是，在南方区域，一般都是在冬天来到之前种上绿肥，而在春天的时候来深耕。它还可以把施加肥料、浇水和耕耙糖搭配起来。

此外，加强农田基本建设和旱地改水田等措施也非常重要。

第四节　旱作农业节水技术

干旱和水蚀、风蚀是水土流失地区农业的生产大敌。干旱的发生往往导致水土流失加重，因此，对于干旱地区进行抗旱品种选育、发展农业节水技术是抵御干旱的重要措施，本节主要介绍旱作农业节水措施。

一、抗旱节水播种及保苗技术

"见苗三分收"这句农谚充分说出了抗旱播种及保苗的重要性。如果说农业生产要实现节水灌溉，那么第一个关键时期就是播种出苗期。如果播种出苗失败，以后各项技术也就无从发挥其作用。所以说如何克服播种时期的干旱，保证适时获得足量的幼苗，是农业生产中第一件最关键措施。

如果在作物播种时土壤量度透出苗最低土壤含水率都达不到，则必须采用抗旱播种和保苗措施。

我国旱作农业地区的广大劳动人民在长期与干旱做斗争的过程中，创造了很多的抗旱播种和保苗的技术措施，除了土壤耕作中提到的抢墒播种、趁墒早种、镇压提墒、深种揭土、借湿播种等之外，还包括节水造墒的抗旱播种及保苗技术。

（一）坐水添墒播种

春耕时，如气候干旱，土壤严重缺墒。有不少地区利用一切可能的水源做水穴播或沟播，浇水数量以渗下后能与底墒相接为度，待灌水渗入后再施肥、下籽，先覆湿土，再盖干土。这样水肥集中，可保全苗。浇水时如施加入适量的农家粪水，或施用湿润的有机肥料，则效果更好。

（二）秸秆造墒播种

秸秆造墒具体方法是将玉米秆或高粱秆碾压，并铡成 10～13cm 长短节，扎成小把加水浸泡。浸泡 10～20 天，待秸秆发糟时即可使用。因其成把，所以又称为"把肥"造墒播种。播种时每穴放入一个"把肥"，盖一层薄湿土，然后再点上浸过种的湿种子，随即覆土。此法适用于大株作物，如玉米、棉花、瓜类等。因"把肥"中含水量有限，只能起到润墒、补墒作用。如土壤过于湿润，含水率在 6%～7% 时，此法的效果就不如坐水点种。

（三）打垄渍墒、保墒播种

河北省唐山等地常用此法。在早春土壤刚解冻能耕地时就进行。先用耧子耧沟施肥，然而用犁从两边向沟内培土并培成一个 10～15cm 高的土垄。至播种时去除垄台上的干土，露出湿土。然后开沟或挖穴播入浸种催芽后的种子，以缩短出土时间。如春旱严重，垄下墒情不好，难以保证全苗时，亦可在播前进行润灌蓄墒。即用 2～3cm 粗的尖头棍按穴距洞深 20～30cm，然后由洞口灌水，最后封土保墒。

（四）沟浇渗墒播种

有一定水源，但因保墒工作不好或播种天干旱无雨，不能下种时，可采用此法。其方法是根据作物栽培的要求，先划好宽窄行，然后在窄行中间开沟浇水，待水渗入后，在沟的两边播种，或先按一定的宽窄行播种，然后在窄行中间开沟渗灌亦可。

（五）水耧播种

在距离水源较近，土壤又特别干燥的地区，可采用水耧播种，即在耧上安装水斗，通过皮管或塑料管使水由水斗经耧腿流到耧沟的土壤中，水量以湿润干土并以接上湿土为度。在播种时把种子和水先后分别流入沟内。此法能减少土壤表面蒸发，节约用水，出苗较好。

（六）洞灌抗旱保苗法

作物出苗以后，在苗期如遇较长时期的干旱，有枯萎的危险或干旱严重将导致减产时，有灌溉条件的应及时进行沟灌、喷灌、滴灌或渗灌以抗旱保苗。但无这些灌溉条件时，应充分发挥当地水源潜力，进行人工洞灌抗旱保苗。具体做法是在幼苗根部附近用 2 ~ 3cm 的尖头木棒，由地面斜向根部插一个 20 ~ 30cm 的洞穴，然后在洞内灌水 1 ~ 2kg。待水渗入后，用干土封闭洞口，减少蒸发。

二、临界期灌溉

根据作物的生育及需水规律，抓住关键时期进行适时适量灌溉，避免用水浪费，以提高水灌效益，节约用水。

所有的农作物没有水就不能生长。水少了生长发育不良，产量降低。水再少，就会没有收成，这是事实。但在不同作物的不同的生育时期里，缺水对降低少量的影响并不是完全相同的。也就是说在各种作物的全部生育时期内，有些生育时期缺水对产量降低起着关键的作用或重大的影响。而在另一些生育时期内缺水，对产量降低的影响却并不明显，或当时虽有所影响，但在水分恢复正常供应时却又能逐渐恢复。只要掌握这些规律，即可决定何时是最重要的灌溉时期。

根据国内外的研究结果，禾谷类作物，自穗分化开始至抽穗这一段时期中的缺水对产量的影响最大，其次为开花至灌溉浆阶段。苗期及成熟期的适当干旱，反而有利于控制茎秆的陡长与促进早熟。如美国内布拉斯加州的试验表明，玉米在整个生长期内灌水 6 次，共灌水 544mm，每亩产量为 635kg。而在玉米抽雄、吐丝及时灌水 3 次的，共灌水 396mm，每亩产量也达 626.3kg，产量相差不多，而灌水量却省了 27.2%，这与我国栽培玉米的"出花受旱，减产一半"，要防止"卡脖旱"的经验是完全相符的。谷子亦有类似情况。其他各类作物亦各有其灌溉的关键时期，在关键时期适时适量的灌溉，即可实现产量相差无几，而用水量却显著减少的目的。

三、喷灌和滴灌

喷灌是利用一种专门设备把有压水流喷射到空中并散成水滴洒落到地面上，如同降雨那样湿润土壤的灌水方法。喷灌可以灵活掌握喷洒水量，采用较小的灌水定额，准确地调节土壤的水、肥、气、热状况，改善田间小气候，少破坏土壤的团粒结构，并能冲掉作物茎、叶上的尘土,有利于植株的呼吸及光合作用。因此,喷灌有省水、增产的效果。与沟、畦灌相比,一股可省水 20% ~ 20%,增产 10% ~ 20%。此外,喷灌还能节省劳力,提高灌水工作效率,为灌水工作自动化创造条件,还能适应起伏不平的地形。但投资较高,需要消耗能源,喷灌质量受风力影响较大。但在山区有条件的地区,通过高水低用,实现自压喷灌即可大量节约投资。

滴灌是利用低压管道系统把水或溶有化肥的水溶液一滴一滴地、均匀而又缓慢地滴入作物根部土壤,使作物主要根系分布区的土壤含水量经常保持在最优状态的一种先进灌水技术。

滴灌系统是在低压条件下进行灌溉,用人工或自动调节灌水量。灌溉水在水压力作用下通过管道和滴头,定时定量地以点滴的方式向作物根部的土壤供应水分与养料,以满足作物生长的需要,而林、行间的地面则仍保持相对干燥。所以它是一种省水、省工、省地、省肥而又增产的灌溉方式。目前多应用于果树、蔬菜等作物。

第六章　水土保持型生态农业途径研究

生态农业自 20 世纪 70 年代被提出后，历经几十年的发展，引起了国内外学者的广泛关注，如今已成为现代农业发展的趋势。水土保持型生态农业是生态农业的类型之一。本章对生态农业的基础理论进行了剖析，并诠释了水土保持型生态农业模式与技术。

第一节　生态农业的内涵与发展背景分析

一、生态农业的内涵

生态农业是 20 世纪 60 年代末期作为"石油农业"的对立面而提出的概念，被认为是继石油农业之后世界农业发展的一个重要阶段。它是一个原则性的发展模式而不是严格的标准，同史前文明时期的原始农业发展模式、农业文明时期的传统农业发展模式和工业文明时期的粗放型农业、石油农业发展模式相比，有着明显的进步和发展。生态农业是现代农业的重要特征，是现阶段农业理论研究和实践的最新成果，是农业生产和发展的更高层次。

生态农业主要是通过提高生物能的转化率、废弃物的循环再利用率、太阳能的固定率和利用率等，促进物质在农业生态系统内部的循环利用和多次重复利用，目的是以最少的投入获得最多的产出，并获得生产发展、能源再利用，达到生态环境保护改善、经济社会效益等相统一的综合性效果，使农业生产处于良性循环的状态中。生态农业不同于一般的农业，不仅能够避免石油农业的弊端，还能发挥其优越性。通过适量施用化肥和低毒高效农药等，突破传统农业的局限性，但又保持其精耕细作、间作套种、施用有机肥等优良传统。生态农业既是有机农业与无机农业相结合的综合体，又是一个庞大的综合系统工程和高效的、复杂的人工生态系统以及先进的农业生产体系，是以生态经济系统原理为指导建立起来的资源、环境、效率、效益兼顾的综合性农业生产体系。

生态农业要求把发展粮食与多种经济作物生产，发展大田种植与林、牧、副、渔业，发展大农业与第二、三产业结合起来，利用传统农业精华和现代科技成果，通过人工设计生态工程，协调发展与环境之间、资源利用与资源保护之间的矛盾，形成生态上与经济上两个良性循环，经济、生态、社会三大效益的统一。

生态农业的内涵还体现在以下几个方面。

（一）生态农业的本质在于生态

生态农业要求人们在发展农业生产过程中遵循生态学、生态经济学规律协调生产与生态环境之间的关系，保护、改善农业生态环境，防控治理污染，高效合理利用资源，提供安全健康的农产品，建立卫生优美的农村环境；在完善的绿色生产的生态基础上发展农业，立足生态本质，寻求经济发展与保护环境相统一，资源利用与可持续发展相协调，实现人与自然的和谐相处。

（二）生态农业是可持续的循环系统

生态农业系统要实现的是农业生产过程的良性循环，强调的是系统功能的稳定性、可持续性，为了达到这个要求，就必须在结构设计上体现多层次、多产业的复合，在效益设计上体现经济、生态和社会效益并重，运用现代先进科技最大限度地发挥自然生产潜力，充分利用现有资源，实现资源的可持续循环再利用。

（三）生态农业是建立在多资源利用基础上的综合农业

要建设生态农业，就需要充分利用土地、生物、人力、技术、资本、信息、时间等各种资源，实现农业生产与林、牧、副、渔业的有机结合，并合理联系工业，密切结合第三产业，建立一个合理开发、充分利用多种资源的多层次、多产业、有序高效的综合农业的生态生产系统。

（四）生态农业是高效技术型产业

生态农业是现代农业在技术上实现进步的更先进农业，有效地实现了生态化和科学化的统一，依托科技发展有机结合传统农业技术的精华和现代先进科学技术，汲取一切能够实现生态农业生产发展的新方法和新技术，提高生物能的转化率、废弃物的再循环利用率、太阳能的固定率和利用率，促进资源的循环永续利用，降低农业污染农药残留，提高农业生态经济生产力和农业综合生产力，以科学技术实现生态良性循环和经济良性循环相统一，实现生产的最大效益。

（五）生态农业发展必须考虑区域差异

不同地区综合地貌不同，气候条件不同，自有资源不同，市场优势不同，这些区域差异都要求不同地区在发展生态农业时，充分考虑既存差异，在内部结构设计上体现特点、突出重点，建立与地区环境资源相适宜的合理化良性生产系统，在发展模式设计上考虑多样化、层次性和区域性，达到生态农业与区域环境的充分融合。

二、生态农业的发展背景分析

农业是第一产业，也是基础性产业，更是人类的衣食之源、生存之本。农业的发展与国家的兴旺发达、人民的健康富足息息相关，更关系着粮食安全、食品安全、生态环境保护、人类的可持续发展，是关系着国计民生的头等大事。

回溯人类漫长的进化发展历史，农业生产的发展已深深烙刻在人类文明的发展轨迹上。从史前文明时期的原始耕作农业，到农业文明时期的传统自给自足农业，再到工业文明时期的现代机械化农业，农业的发展已经取得了巨大的成就。但从工业革命以来，随着农业产业化进程的推进，农业生产过程中大量使用农药、化肥已成为广大农民的自然选择。虽然农作物产量实现了大幅度的快速增长，但却对生态环境造成了巨大的影响和破坏。农药、化肥的过度使用带来了农药残留、土壤酸化、土壤微生物减少、土壤污染、地表水污染等一系列环境问题，严重威胁着食品的安全和人们的健康生活。地膜的大量使用也使"白色污染"问题日益突出，农业污染已经成为面源污染的最大来源，远远超过了工业污染和城市生活污染。同时，土地资源的掠夺式利用大大加快了土地资源的退化及土壤的石漠化和沙漠化，气候的异常变化和温室效应的加剧使农作物产量明显降低，乱砍滥伐的持续存在导致森林植被日渐减少，生物多样性显著下降，地质灾害逐年增加。这一切的生态环境问题影响着农业的有序生产和健康发展，并严重危害着人类的正常生存和健康生活。因此，在这样的现实背景下，为了解决这些问题，生态农业作为一种新的农业生产模式被人类提出并推崇，成为人类走过原始农业、传统农业、现代农业后实现人与自然协调发展的农业新模式，是实现农业发展经济效益、生态效益和社会效益相统一的必由之路，也是现实背景下的必然选择。

（一）发展生态农业，是改善农业生态环境的迫切要求

随着经济社会的快速发展，我们发现现代农业在给人类带来高效的劳动生产率和丰富的物质产品的同时，也造成了生态危机。土壤侵蚀、化肥和农药用量快速上升、能源危机加剧、环境污染加重，一系列的环境问题层出不穷。三聚氰胺、苏丹红、瘦肉精等各种有毒有害食品添加剂一次次冲击着人们的承受底线，还有日常食物瓜果蔬菜中的各种农药残留，食品安全问题已经成为困扰人们日常生活的首要问题，并严重威胁着人们的身体健康。

中国耕地面积日益减少，中国人均耕地面积亦有减少的趋势，仅为世界平均水平的4成，农业生产用地退化日益突出。同时，农业耕作的长期粗放、土壤冲刷的加剧和掠夺性经营，造成地力消耗过大，土壤肥力急剧下降。在生产中，中低产的面积占70%左右，其存在的主要问题除干旱、盐碱、沙地等因素外，土壤有机质含量低，结构不良，速效氮、磷等养分含量严重不足，以及氮磷比例失调等，是影响小麦增产的核心问题。这主要是因为近年来氮肥施用量的不断增加，出现了氮多磷少、比例严重失调的情况，土壤肥力下降，小麦产量就难以持续大幅度提高。为了应对生态危机，改善农业生态环境，就必须选择发展生态农业。生态农业能够显著提高农业生产力、土地利用率和资源利用率，确保自然资源的合理利用和有效保护，加速物质循环和能源转化，促进生态系统良性循环，实现显著的生态效益，同时

通过适量施用化肥和低毒高效农药，保证农产品的有机、安全、健康，有效解决食物农药残留问题，同时也为提高土壤肥力、降低土壤污染、保障耕地基本保有量提供了途径。

（二）发展生态农业，是农业现代化的必然趋势

生态农业以科学发展观和以人为本为指导思想，以系统工程、生态学和生态经济学等为理论依据，以现代先进科学技术和传统农业技术精华为技术依托，以达到经济、生态、社会三大效益的协调相统一为目标，不仅能够避免现代石油农业的弊端，还能发挥其优势，实现生态绿色与现代科技的有机结合，是能够达到高产、优质、高效现代农业要求的可持续发展的现代新型农业，是农业发展的更高更好的层次，是农业现代化的必由之路。

我国农业现在正处于由传统农业向现代农业过渡、实现农业现代化的过程之中，农业现有资源日益缩减，环境问题日渐凸显。仅仅依赖有限的矿物能源、高量的农药和化肥支持农业生产，已不能满足现代农业的发展需要。发展高效率、高效益的可持续发展的生态农业体系，来解决社会对日益增长的农产品数量的需要和质量的要求并保障农业健康发展，防治农业污染，已成为农业现代化的必然趋势。

（三）发展生态农业，能够满足农民增收的殷切希望

习近平总书记的十九大报告中指出：农业农村农民问题是关系国计民生的根本性问题，必须始终把解决好"三农"问题作为全党工作重中之重。如何使农民增收，缩小城乡收入差距，使农民切实享受经济发展带来的成果已成为当今政府最为关注的民生问题之一。发展生态农业，就是为了使农民能够获得真正的实惠，既考虑到农民的长远利益，又照顾到眼前利益，就是为了满足农民增收的殷切希望。

生态农业的宗旨就是高效利用现有资源，通过提高生物能的转化率、废弃物的再循环利用率、太阳能的固定率和利用率等，促进物质在农业生态系统内部的循环利用和多次重复利用，目的就是用最少的投入获得最多的产出，实现生态效益与经济效益的统一。高效利用资源降低了成本，优良的生产系统增加了产量，安全无毒害的产品提高了质量增加了售价，这些都成为农民增收的必要保证。而且，在食品

安全问题成为老百姓最为关注的生活话题背景下，绿色有机的农产品已成为市场上的热门产品，优质安全的产品根本不愁销路。发展低投入、高产出、高质量的生态农业已成为满足农民增收殷切希望的不二选择。

第二节　生态农业的理论基础与特征

一、生态农业的理论基础

生态农业理论建立在生态学、环境学、经济学、生物学以及可持续发展等理论基础上，主张利用生物与非生物以及生物种群之间的相互作用，按照人类社会需求进行物质生产，且充分利用现代科技在发展农业的同时注重环境的保护，把农业生产建设成为一个有机的整体。生态农业的理论基础为生态模式的选择奠定了坚实的基础。

（一）生态农业的生态学原理

生态系统是一个系统的整体，这个系统不仅包括有机复合体，而且包括形成环境的整个物理因子复合体，这种系统是地球表面上自然界的基本单位，它们有各种大小和类型。简而言之，生态系统就是在一定范围内，各种生物成分和非生物成分，通过物质循环和能量流动而相互作用所形成的一个功能单位。如图 6-1 所示为生态系统的要素构成情况。

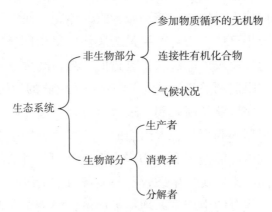

图6-1　生态系统的构成要素

生态系统中的各种生物通过它们之间的链状营养关系结合在一起，形成金字塔式食物链，生态系统中的各个组成部分又通过食物链结合在一起形成一个高度有序的结构，期间发生物质循环和能量流动。生态系统的结构包括生物组分的物种结构、空间结构、时间结构和营养结构，这些结构与生态系统的功能和运行密不可分。处理好各结构间的关系，才能使系统的整体功能大于各要素的简单累加，才能发挥持续、稳定、高效的功能。自然生态系统是农业的本体系统，是其基础支撑系统，同农业主体系统共同作用的直接效用决定着农业能否实现可持续发展。

物质循环和能量流动原理：生物有机体内部包括物质循环和能量流动两种形式的运动规律。在物质循环中，生产者通过光合作用把无机物转化为有机物，经过各环境消费者利用之后，这些物质再以无机物形式被分解还原，重新回到环境中，进行物质的再循环，实际上就是元素在库与库之间的彼此流通。在生态系统中物质经历错综复杂的环节，在系统内形成了食物链，能量沿食物链从低级到高级在生态系统中流动，最终以热能形式流失。根据林德曼定律，生物以 $10:1$ 的比例进行能量物质逐级转化，物质循环的周转率、循环速率、循环状态，将直接决定着生态系统产出和能量的转化效率。因而在生产经营中应多层次地循环利用废弃有机物，设计出生态转化效率较高的系统，减少营养外流，以增加经济和生态价值。农业循环经济工程正是基于此原理而诞生的。

系统控制和整体效应原理：自然生态系统一旦被转化为农业生态系统，就变成了具有控制意义的限定系统。而农业生态系统中经济与环境矛盾的客观性及其结构的复杂性，决定了进行农业系统运用和调控的必要性。通过对系统进行生态优化设计，利用系统各组织之间的相互作用及反馈机制进行调控，可以使系统的整体功能大于各亚系统功能之和。有效的控制与合理的结构将能提高系统整体功能和效率，提高整个农业生态系统的生产力及其稳定性。农业生态系统的整体效应原理，就是要充分考虑系统内外的相互作用关系、系统整体运行规律及整体效应，运用系统控制方法，全面规划、合理组织农业生产，使总体功能得到最大发挥。生态学的基本原则"整体、协调、循环、再生"正是这一原理的体现，强调生态系统合理而协调的横向关系，以及生态系统永续运转的特性。

（二）生态农业的环境学原理

人类在实现重大战略目标的过程中，往往同时受到五类规律的作用，表现为协同、对抗、偏离三种状态。因此必须探索这样的途径，使五类规律都成为实现目标的动力，这种状态称为"五律协同"。人类行为领域非常宽广，一般而言可以将人类行为与规律间的相互关系概化为如图6-2所示，每一个圈代表一类规律，圈内是符合该类规律的人类行为的集合，五类规律概化为五个圈。其中阴影部分五类协同域中人类行为同时遵循五类规律，显然这样的行为是我们所期望的。

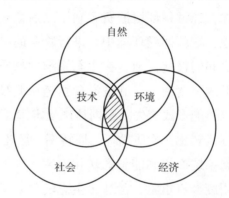

图6-2　规律协同示意图

生态农业系统中经济效益和生态效益之间的关系是多重的，满足协同、对抗、偏离这三种状态。因而在生态农业中，要尽可能地遵循自然规律、社会规律、经济规律、技术规律和环境规律，对资源进行合理配置，充分利用生态资源和劳动力资源，使之既符合生态要求，又适应经济发展和消费的需要，使生态农业向专业化和商品化迈进。

（三）生态农业的经济学原理

循环经济原理：循环经济原理指对物质、能量进行梯次和闭路循环使用，在环境污染方面低污染排放甚至是零污染排放的一种经济运行体系。以资源高效利用和循环利用为核心，以"减量化、再利用、再循环"为原则，要求减少进入生产和消费流程的物质量，延长产品和服务的时间强度，减少生产和消费中废弃物的产生，在物品完成使用功能后重新变成可利用的资源。循环经济改变了由"资源—产品—污染排放"的"高开采、低利用、高排放"的单项单环式流动的传统经济，变为"自然资源—产品和用品再生资源"的与多向循环式相结合的循环经济综合集约模式。循环经济要求对产业结构和布局进行调整，将循环经济理念贯穿于社会经济发展的各领域、各环节，建立和完善全社会的资源循环利用体系。还要求节能降耗，提高资源利用效率，对生产中产生的废弃物进行资源优化利用，延长拓展生产链条，促进产业间的合作。

资源优化配置原理：资源优化配置是对稀缺资源在各种不同用途上加以比较而做出的选择，包括配置方式选择、配置目标选择以及配置要素选择。自然生态资源并不是无穷无尽的，各国各地区的资源具有有限性，在生态经济结构优化设计的过程中，要充分考虑其稀缺性这一前提，选择那些最有益于生态效益、环境效益和经济效益的系统。由于要素配置方式不同，其结构性能就会迥异，因而在配置前需对不同配置方式进行可行性分析，选出最优配置方式，求得矛盾中的相对统一。在整个生态经济系统中，各子系统以及各要素之间，是相互联系、相互影响的，但并非所有因素的作用都是相同的。它们的存在状况以及发展变化，制约着其他因素乃至整个系统的存在状况和发展变化。因此，在农业生态系统开发利用时，应将其从时间、空间、结构、功能等方面进行优化配置，从而保持农业生态经济系统的稳定有序结构。

（四）生态农业的生物学原理

生态农业的生物学原理即物种相互作用原理。生态系统中的各种生物之间存在着各种各样的相互作用关系，这些关系大致可以分为对抗和共生两类。农业生态系统中，同样存在着各种相互作用关系，可利用对抗相克原理，增加和强化某些环节，从而有效地控制不利因素的发展，利用共生相生原理，开辟新型生态农业模式，如桑基鱼塘、稻田鸭等、种养结合模式。生态农业经营追求的就是控制、协调和利用好这些关系，以求得最大的经济效益和生态效益。熟悉物种之间的相互作用原理是优化系统经济和生态效益最重要的一环。

（五）可持续发展理论

世界环境和发展委员会在《我们共同的未来》报告中对可持续发展理论的阐述为"既满足当代人的需要，又对后代人满足其需要的能力不构成危害的发展"。具体来说，就是谋求经济、社会与自然环境的协调发展，维持新的平衡，制衡出现的环境恶化和环境污染，控制重大自然灾害的发生。可持续发展理论强调全人类的共同发展、人口资源环境的协调发展、时间纬度空间纬度的公平发展、经济的高效发展、发展形式多样式多模式的多维发展。《中国 21 世纪议程》认为实现可持续发展的途径，主要是在保持经济快速增长的同时，依靠科技进步和提高劳动者素质，不断改善发展质量，提倡适度消费和清洁生产，控制环境污染，改善生态环境，保持可持续发展的资源基础，建立"低消耗、高收益、低污染、高效益"的良性循环发展模式。

二、生态农业的特征

我国发展的生态农业是传统农业与现代科技相结合的成果，实现农业与其他产业的结合，形成生态和经济上的良性循环，协调经济发展与环境、资源之间的矛盾，因而我国生态农业具有以下五个方面的显著特征。

（一）生态系统的协调统一性

生态农业是以生物组为核心的自然、社会和经济的复合系统，它强调系统的整体性和各要素之间的相互作用，并将它们以一种和谐的方式联系起来。在进行农业生态工程设计时，要根据总的战略措施、发展模式和相应的工程，开发利用与保护土地、水、生物和气候资源的相应技术措施，加以组合，强调各要素、各部门之间的相互合作，使得生态农业的子系统和母系统达到协调统一。生态农业综合考虑多种自然资源和社会资源，形成一种生态与环境协调发展，眼前利益与长远利益相统一的农业生产模式。

（二）相关产业的综合性

生态农业强调发挥农业生态系统的整体效益，以发展大农业为基本出发点，按照"整体、协调、循环、再生"的原理，全面规划，调整和优化农业产业结构，使得农、林、牧、副、渔等产业综合发展，使得第一、第二、第三产业共同进步，并使各产业之间相互支持、相得益彰，提高综合生产能力。在充分利用土地、生物、技术、信息、空间等资源的基础上，将农业、林业、牧业、副业、渔业、加工业、商业等产业有机复合，体现经济效益与生态效益并重，同时汲取一切能够发展农业生产的新技术和新方法，使生物和环境之间达到最优配置，具有最为合理的农业生态经济结构，使生态和经济系统达到良性循环。

（三）发展模式的多样性

生态农业是针对我国各地的自然条件、资源基础、经济与社会发展水平较大差异这一国情，继承和发扬我国传统农业技术，结合现代科学技术，将多种生态模式、生态工程以及相应的技术和设备运用于农业生产，充分发挥地区优势，使之与当地实际情况协调发展，因而涌现出北方"四位一体"生态模式及配套技术；南方"猪—沼—果"生态模式及配套技术；平原农林牧复合生态模式及配套技术；草地生态恢复与持续利用生态模式及配套技术；丘陵山区小流域综合治理模式及配套技术；观光生态农业模式及配套技术等丰富多彩的发展模式。

（四）农业产出的高效性

生态农业以提高农业生产力及效益为基本目标，努力发展资源节约型的立体种植、养殖模式和农林牧副渔复合生态工程。通过物质循环与能量多层次综合利用，使系统的功能增强、产量激增、效益提高；经过系统化深加工和废弃物循环利用，降低成本，达到农产品的价值增值；实现农业规模化、特色化，进而达到农业产出的高效性，提高农业生产的经济效益，为农村劳动力创造更多就业机会。

（五）生态农业发展的持续性

发展生态农业能够保护和改善生态环境，防治环境污染，提高农产品的安全性，维护生态平衡，把农业生产与农村经济的发展转变为可持续的良性发展，把生态建设同经济发展紧密结合起来，实现环境与经济发展的可持续性和稳定性，增强农业发展的后续动力。

第三节　水土保持型生态农业模式与技术

一、水土保持型生态农业模式的含义

模式就是解决某一类问题的方法，即把解决某类问题的方法总结归纳到理论的高度。同时，它也是一种参照性指导方略，有助于高效完成任务，按照既定思路迅速做出一个优良的设计方案，达到事半功倍的效果。因此，水土保持型生态农业模式就是在水土流失地区，按照土壤侵蚀特点，遵循生态经济规律，科学配置水土保持措施，建立合理的农业结构，达到农业高产出和控制水土流失，实现生态环境和农业产业可持续发展目的的一种农业模式。

水土保持型生态农业具有四大特征：第一，保持水土。这是它的核心，也就是说保持水土是水土保型生态农业需要解决的首要问题。只有解决好这一问题，才能为提高作物产量，为增加农民收入奠定良好的基础；第二，以生态经济系统的良性循环求得经济的发展。这种良性循环也就是指通过生态经济系统良性运转的功能，相对地减少外部投入而提高经济效益；第三，水土保持型生态农业要求人的自然属性和社会属性的统一，特别是人口数量和素质的高度统一；第四，就是水土保持型生态农业的目标是生态、经济和社会目标的有机统一。因此，水土保持型生态农业具有三项基本任务，一是高效率地生产多种产品，使农民生活富裕，实现农业现代化；二是改善生存环境，净化、绿化、美化环境，形成优越的生产条件和生活条件；三是提高劳动力素质，使人类能够自觉地适应和改造自然。

我国幅员辽阔，国土面积约 960 万 km^2，丘陵山地面积约占 70% 左右，跨越不同的生物气候带。全国各地普遍存在明显的自然侵蚀和人为加速侵蚀现象且区域差异明显。因此，在不同的土壤侵蚀类型区，虽然水土保持型生态农业的总体功能、目标相同，但生态农业系统的结构不同。

二、水土保持型生态农业的建设技术

（一）技术体系构建的基本原则

由水土保持型生态农业特点和任务可知，构建新的农业生产技术体系应按照以下原则进行。

（1）以确保资源的可持续利用，特别是耕地资源、水资源和生物资源的合理高效利用和可持续利用为前提。

（2）坚持以水土流失防治为核心，以合理利用土地资源为前提，以恢复植被、建设基本农田、发展经济林和养殖业为主导措施，建立坡地水土保持型生态农业体系。

（3）注重接口技术的引进、研发和使用。

（4）根据市场需求，不断提高产品质量，将质量、效益放在重要位置，并应当将资源消耗列入成本。

（5）运用有关法律、法规、标准和指南等规范农业行为，减少农业的随意性。

坡地水土保持型生态农业模式构建的实质在于农业气候资源的高效组合与利用，即水、土、光、热、生物资源的高效组合与利用，坡地生态农业发展模式的探索、研究与优化是坡地水土保持型生态农业建设的重点，坡地水土保持型生态农业模式构建技术路线（如图6-3所示）。

（二）技术体系框架

水土保持型生态农业的技术体系构成与广义的生态农业完全相同，主要包括生态农业系统结构生态合理化和系统生态功能强化两大系列。可概化为（如图6-4、图6-5所示）。

在技术体系构建过程中，特别要重视两个问题：一是技术集成的生态系统设计是水土保持型生态农业技术体系的主线。也就是说建设的初期阶段，必须对原有的生态经济系统现状进行详尽调查与分析，对该系统进行全面诊断与评价。在此基础上，设计规范农民生产行为与方式的生态农业模式和相应生态农业工程项目，以此为据，进行生态合理化的技术组装设计；二是研发接口技术，它是目前水土保型生态农业技术的开发核心，如应用微生物技术、生产与市场接口的软硬技术、生物种群的引进技术等。

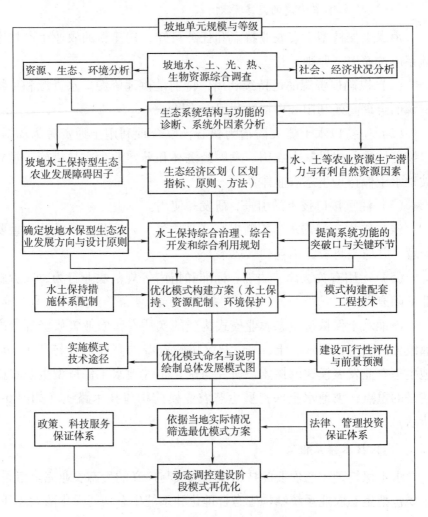

图6-3　坡地水土保持型生态农业模式构建技术路线

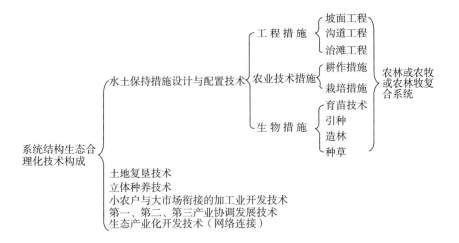

图6-4　水土保持型生态农业结构生态合理化技术构成示意图

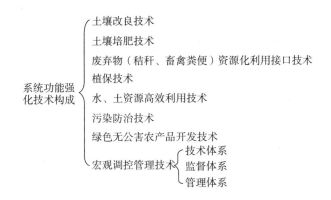

图6-5　水土保持型生态农业系统功能强化技术构成示意图

参考文献

［1］余新晓，毕华兴．水土保持学［M］．3版．北京：中国林业出版社，2017.

［2］文俊．水土保持学［M］．北京：中国水利水电出版社，2017.

［3］王秀峰，马俊丽．西南山地生态农业发展理论与应用研究［M］．北京：中国劳动社会保障出版社，2015.

［4］吴启发，史东梅．水土保持农业技术［M］．北京：科学出版社，2012.

［5］张胜利，吴祥云．水土保持工程学［M］．北京：科学出版社，2012.

［6］朱清科．陕北黄土高原植被恢复及近自然造林［M］．北京：科学出版社，2012.

［7］丁玉．开发建设项目水土保持工程概（估）算编制问题探讨［J］．陕西水土保持科技，2011（01）：26－28.

［8］黄百顺，黄光普．农村水土保持技术［M］．南京：河海大学出版社，2011.

［9］李智广，姜学兵，刘二佳，赵辉．我国水土保持监测技术和方法的现状与发展方向［J］．中国水土保持科学，2015，13（04）：144－148.

［10］郭索彦．水土保持检测理论与方法［M］．北京：中国水利水电出版社，2010.

［11］水利部检测中心．生产建设项目水土保持准入条件研究［M］．北京：中国林业出版社，2010.

［12］孙邦丽．水利水电工程施工员培训教材［M］．北京：中国

建材工业出版社，2010.

［13］赵绍华．土石方工程施工［M］．北京：中国水利水电出版社，2010.

［14］北京水务局．建设项目水土保持边坡防护常用技术与实践［M］．北京：中国水利水电出版社，2010.

［15］丁国栋．风沙物理学［M］．北京：中国林业出版社，2010.

［16］水利部，中国科学院，中国工程院．中国水土流失防治与生态安全［M］．北京：科学出版社，2010.

［17］刘震．谈谈水土保持法修订的过程和重点内容［J］．中国水土保持，2011（02）：1－4.

［18］牛崇桓．新水土保持法主要制度解读［J］．中国水利，2011（12）：47－57.

［19］姜德文．解读新《中华人民共和国水土保持法》的法条体系［J］．中国水土保持科学，2011，9（05）：26－30.

［20］吴发启．水土保持规划学［M］．北京：中国林业出版社，2009.

［21］张学俭．水土保持规划设计的时间与发展［M］．北京：中国水利水电出版社，2009.

［22］祝列克．熔岩地区石漠化防治实用技术与治理模式［M］．北京：中国林业出版社，2009.

［23］江玉林，张洪江．公路水土保持［M］．北京：科学出版社，2008.

［24］冯雨峰．生态恢复与生态工程技术［M］．北京：中国环境科学出版社，2008.

［25］北京土木建筑学会．混凝土工程现场施工处理方法与技巧［M］．北京：机械工业出版社，2009.